CONTENTS

1

분수의 나눗셈

분수의 나눗셈

개념 ① (자연수)÷(자연수)의 몫을 분수로 나타내기

● 1÷4의 몫을 분수로 나타내기

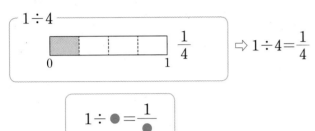

$\Rightarrow 1 \div 4 = \dfrac{1}{4}$

$$1 \div \bullet = \dfrac{1}{\bullet}$$

● 3÷7의 몫을 분수로 나타내기

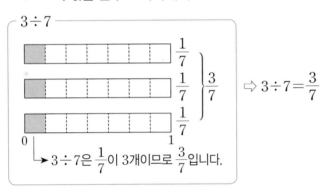

$\Rightarrow 3 \div 7 = \dfrac{3}{7}$

$\rightarrow$ 3÷7은 $\dfrac{1}{7}$이 3개이므로 $\dfrac{3}{7}$입니다.

● 7÷3의 몫을 분수로 나타내기

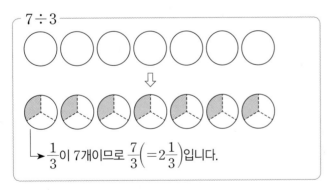

$\rightarrow \dfrac{1}{3}$이 7개이므로 $\dfrac{7}{3}\left(=2\dfrac{1}{3}\right)$입니다.

$\Rightarrow 7 \div 3 = \dfrac{7}{3}\left(=2\dfrac{1}{3}\right)$

$$\blacktriangle \div \bullet = \dfrac{\blacktriangle}{\bullet}$$

$\rightarrow$ 나누어지는 수
$\rightarrow$ 나누는 수

개념 ② (분수)÷(자연수)

● 분자가 자연수의 배수일 때에는 분자를 자연수로 나눕니다.

$$\dfrac{8}{9} \div 2 = \dfrac{8 \div 2}{9} = \dfrac{4}{9}$$

● 분자가 자연수의 배수가 아닐 때에는 크기가 같은 분수 중 분자가 자연수의 배수인 수로 바꾸어 계산합니다.

$$\dfrac{3}{4} \div 2 = \dfrac{3 \times 2}{4 \times 2} \div 2 = \dfrac{\boxed{❶}}{8} \div 2 = \dfrac{\boxed{❷}}{8}$$

개념 ③ (분수)÷(자연수)를 분수의 곱셈으로 나타내어 계산하기

● $\dfrac{4}{5} \div 3$을 분수의 곱셈으로 나타내어 계산하기

$\Rightarrow \div$ (자연수)를 $\times \dfrac{1}{(자연수)}$로 바꾸어 계산합니다.

$$\dfrac{4}{5} \div 3 = \dfrac{4}{5} \times \dfrac{1}{3} = \dfrac{\boxed{❸}}{15}$$

개념 ④ (대분수)÷(자연수)

● $2\dfrac{4}{5} \div 3$을 계산하기

$$2\dfrac{4}{5} \div 3 = \dfrac{14}{5} \div 3 = \dfrac{14}{5} \times \dfrac{1}{3} = \dfrac{14}{\boxed{❹}}$$

대분수는 가분수로 바꾸고 나눗셈을 곱셈으로 나타내어 계산합니다.

> **참고**
> 분수의 나눗셈은 계산 결과를 기약분수로 나타낼 수 있습니다.

| 정답 | ❶ 6 ❷ 3 ❸ 4 ❹ 15

▶ (자연수)÷(자연수)의 몫을 분수로 나타내기   스피드 정답표 1쪽, 정답 및 풀이 16쪽

[01~02] 나눗셈의 몫을 색칠하고, 분수로 나타내어 보세요.

01
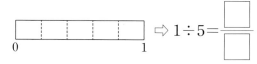
$\Rightarrow 1 \div 5 = \dfrac{\square}{\square}$

02
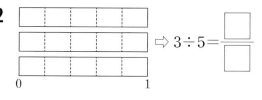
$\Rightarrow 3 \div 5 = \dfrac{\square}{\square}$

03 $3 \div 4$의 몫을 그림으로 나타내고, 분수로 나타내어 보세요.

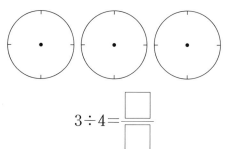

$3 \div 4 = \dfrac{\square}{\square}$

04 $6 \div 5$의 몫을 그림으로 나타내고, 분수로 나타내어 보세요.

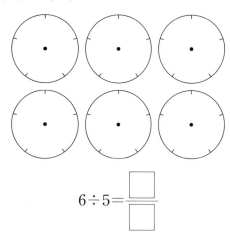

$6 \div 5 = \dfrac{\square}{\square}$

[05~06] □ 안에 알맞은 수를 써넣으세요.

05 $5 \div 4 = 1 \cdots \boxed{}$,

나머지 $\boxed{}$을/를 4로 나누면 $\dfrac{\boxed{}}{4}$

$\Rightarrow 5 \div 4 = 1\dfrac{\boxed{}}{4} = \dfrac{\boxed{}}{4}$

06 $9 \div 4 = 2 \cdots \boxed{}$,

나머지 $\boxed{}$을/를 4로 나누면 $\dfrac{\boxed{}}{4}$

$\Rightarrow 9 \div 4 = 2\dfrac{\boxed{}}{4} = \dfrac{\boxed{}}{4}$

[07~10] 나눗셈의 몫을 분수로 나타내어 보세요.

07 $1 \div 6$

08 $8 \div 9$

09 $12 \div 5$

10 $13 \div 9$

[01~05] □ 안에 알맞은 수를 써넣으세요.

[06~10] 계산하여 기약분수로 나타내어 보세요.

01 $\dfrac{4}{9} \div 2 = \dfrac{4 \div \boxed{}}{9} = \dfrac{\boxed{}}{9}$

06 $\dfrac{6}{7} \div 3$

02 $\dfrac{10}{13} \div 2 = \dfrac{\boxed{} \div \boxed{}}{13} = \dfrac{\boxed{}}{13}$

07 $\dfrac{3}{5} \div 2$

03 $\dfrac{9}{14} \div 3 = \dfrac{\boxed{} \div \boxed{}}{14} = \dfrac{\boxed{}}{\boxed{}}$

08 $\dfrac{5}{6} \div 3$

04 $\dfrac{3}{7} \div 5 = \dfrac{3 \times 5}{7 \times 5} \div 5 = \dfrac{\boxed{} \div 5}{35} = \dfrac{\boxed{}}{35}$

09 $\dfrac{10}{13} \div 5$

05 $\dfrac{7}{8} \div 4 = \dfrac{7 \times 4}{8 \times 4} \div 4 = \dfrac{\boxed{} \div \boxed{}}{32} = \dfrac{\boxed{}}{32}$

10 $\dfrac{3}{7} \div 4$

▶ (분수)÷(자연수)를 분수의 곱셈으로 나타내어 계산하기   스피드 정답표 1쪽, 정답 및 풀이 16쪽

[01~05] □ 안에 알맞은 수를 써넣으세요.

01 $\dfrac{4}{15} \div 3 = \dfrac{4}{15} \times \boxed{} = \boxed{}$

02 $\dfrac{3}{5} \div 9 = \dfrac{3}{5} \times \boxed{} = \boxed{}$

03 $\dfrac{3}{8} \div 2 = \dfrac{3}{8} \times \boxed{} = \boxed{}$

04 $\dfrac{9}{5} \div 8 = \dfrac{9}{5} \times \boxed{} = \boxed{}$

05 $\dfrac{13}{6} \div 5 = \dfrac{13}{6} \times \boxed{} = \boxed{}$

[06~10] 나눗셈을 |보기|와 같이 곱셈으로 나타내어 계산해 보세요.

┤ 보기 ├
$$\dfrac{4}{5} \div 3 = \dfrac{4}{5} \times \dfrac{1}{3} = \dfrac{4}{15}$$

06 $\dfrac{5}{9} \div 3$

07 $\dfrac{7}{8} \div 5$

08 $\dfrac{6}{13} \div 7$

09 $\dfrac{6}{5} \div 8$

10 $\dfrac{10}{7} \div 8$

1 분수의 나눗셈

▶ (대분수)÷(자연수)   스피드 정답표 1쪽, 정답 및 풀이 16쪽

[01~05] □ 안에 알맞은 수를 써넣으세요.

01 $3\frac{1}{5} \div 8 = \dfrac{\boxed{}}{5} \div 8 = \dfrac{\boxed{}}{5}$

02 $7\frac{3}{5} \div 2 = \dfrac{\boxed{}}{5} \div 2 = \dfrac{\boxed{}}{5}$

03 $1\frac{3}{8} \div 5 = \dfrac{\boxed{}}{8} \div 5$

$= \dfrac{\boxed{}}{8} \times \boxed{} = \dfrac{\boxed{}}{40}$

04 $6\frac{2}{9} \div 4 = \dfrac{\boxed{}}{9} \div 4$

$= \dfrac{\boxed{}}{9} \times \boxed{} = \boxed{}$

05 $4\frac{3}{10} \div 5 = \dfrac{\boxed{}}{10} \div 5$

$= \dfrac{\boxed{}}{10} \times \boxed{} = \boxed{}$

[06~10] 계산하여 기약분수로 나타내어 보세요.

06 $2\frac{1}{4} \div 3$

07 $3\frac{3}{4} \div 6$

08 $1\frac{7}{8} \div 7$

09 $1\frac{3}{4} \div 2$

10 $2\frac{2}{5} \div 4$

01 $1 \div 6$을 색칠하고, □ 안에 알맞은 수를 써넣으세요.

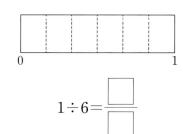

$$1 \div 6 = \frac{\square}{\square}$$

[02~03] 나눗셈의 몫을 분수로 나타내려고 합니다. □ 안에 알맞은 수를 써넣으세요.

02 $4 \div 7 = \dfrac{\square}{7}$

03 $9 \div 7 = \dfrac{\square}{7}$

04 다음 그림을 보고 □ 안에 알맞은 수를 써넣으세요.

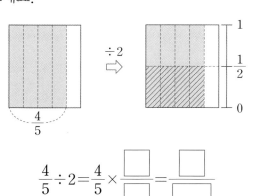

$$\frac{4}{5} \div 2 = \frac{4}{5} \times \frac{\square}{\square} = \frac{\square}{\square}$$

05 $\dfrac{13}{9} \div 2$를 계산하려고 합니다. □ 안에 알맞은 수를 써넣으세요.

$\dfrac{13}{9} \div 2$의 몫은 $\dfrac{13}{9}$을 2등분 한 것 중의 하나입니다.

이것은 $\dfrac{13}{9}$의 $\dfrac{1}{2}$이므로

$\dfrac{13}{9} \times \dfrac{1}{\square}$입니다.

$$\Rightarrow \frac{13}{9} \div 2 = \frac{13}{9} \times \frac{1}{\square} = \frac{\square}{\square}$$

06 □ 안에 알맞은 수를 써넣으세요.

$9 \div 5 = 1 \cdots \square$,

나머지 $\square$을/를 5로 나누면 $\dfrac{\square}{5}$

$$\Rightarrow 9 \div 5 = 1\frac{\square}{5} = \frac{\square}{5}$$

07 □ 안에 알맞은 수를 써넣으세요.

$$\frac{5}{8} \div 3 = \frac{5 \times 3}{8 \times 3} \div 3 = \frac{\square \div 3}{24} = \frac{\square}{\square}$$

08 보기와 같이 나눗셈의 몫을 분수로 나타내어 보세요.

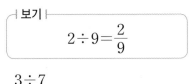

보기
$$2 \div 9 = \frac{2}{9}$$

$$3 \div 7$$

09 그림을 보고 $1\frac{3}{5} \div 2$의 몫을 구하려고 합니다. □ 안에 알맞은 수를 써넣으세요.

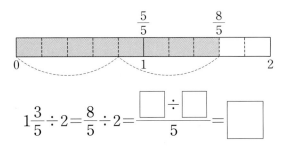

$$1\frac{3}{5} \div 2 = \frac{8}{5} \div 2 = \frac{\boxed{} \div \boxed{}}{5} = \boxed{}$$

10 나눗셈의 몫을 분수로 <u>잘못</u> 나타낸 것에 ○표 하시오.

$$2 \div 7 = \frac{2}{7}$$

$$7 \div 3 = \frac{3}{7}$$

(   )   (   )

[11~12] □ 안에 알맞은 수를 써넣으세요.

11 $\frac{15}{4} \div 9 = \frac{15}{4} \times \frac{1}{\boxed{}} = \frac{15}{\boxed{}} = \boxed{}$

12 $\frac{15}{8} \div 3 = \frac{15 \div \boxed{}}{8} = \boxed{}$

[13~15] 나눗셈의 몫을 기약분수로 나타내어 보세요.

13 $\frac{9}{16} \div 6$

14 $7\frac{1}{5} \div 4$

15 $7\frac{1}{7} \div 2$

16 큰 수를 작은 수로 나눈 몫을 기약분수로 나타내어 보세요.

$$8 \qquad 12\frac{4}{5}$$

(   )

17 나눗셈의 몫이 다른 하나에 ○표 하세요.

$$\frac{5}{8} \div 5 \qquad \frac{5}{3} \div 5 \qquad \frac{1}{4} \div 2$$

18 지우가 한 컵에 담아야 하는 물의 양을 구하기 위한 나눗셈식을 쓰고, 곱셈으로 나타내어 구해 보세요.

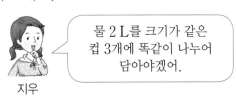

물 2 L를 크기가 같은 컵 3개에 똑같이 나누어 담아야겠어.

지우

$$\boxed{} \div \boxed{} = \boxed{} \times \frac{\boxed{}}{\boxed{}} = \boxed{} \text{ (L)}$$

19 계산이 잘못된 곳을 찾아 바르게 계산해 보세요.

$$\frac{7}{10} \div 8 = \frac{7}{10} \times 8 = \frac{56}{10} = 5\frac{6}{10} = 5\frac{3}{5}$$

$$\Rightarrow \frac{7}{10} \div 8 \underline{\hspace{5cm}}$$

20 길이가 4 m인 색 테이프를 5명이 똑같이 나누어 가졌습니다. 한 명이 가진 색 테이프의 길이는 몇 m일까요?

(   )

01 그림을 보고 □ 안에 알맞은 수를 써넣으세요.

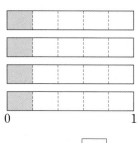

$$4 \div 5 = \frac{\square}{\square}$$

02 오른쪽 빗금 친 부분은
$\frac{3}{5} \div 2$의 몫입니다. □ 안에
알맞은 수를 써넣으세요.

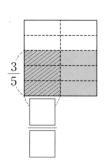

빗금 친 부분의 넓이는 $\frac{3}{5} \times \dfrac{\square}{\square}$ 입니다.

$$\frac{3}{5} \div 2 = \frac{3}{5} \times \frac{1}{\square} = \frac{\square}{\square}$$

[03~04] 나눗셈의 몫을 분수로 나타내어 보세요.

03

| $5 \div 7$ |

( )

04

| $13 \div 6$ |

( )

[05~06] □ 안에 알맞은 수를 써넣으세요.

05 $\dfrac{8}{13} \div 4 = \dfrac{\boxed{} \div 4}{13} = \dfrac{\boxed{}}{13}$

06 $\dfrac{7}{9} \div 5 = \dfrac{\boxed{}}{45} \div 5 = \dfrac{\boxed{} \div 5}{45} = \dfrac{\boxed{}}{45}$

[07~08] □ 안에 알맞은 수를 써넣으세요.

07 $\dfrac{15}{8} \div 3 = \dfrac{15 \div \boxed{}}{8} = \dfrac{\boxed{}}{8}$

08 $2\dfrac{1}{5} \div 4 = \dfrac{\boxed{}}{5} \div 4$

$$= \frac{\boxed{}}{5} \times \frac{1}{\boxed{}} = \frac{\boxed{}}{\boxed{}}$$

09 □ 안에 알맞은 수를 써넣으세요.

$$8 \div \boxed{} = 8 \times \frac{1}{13}$$

[10~11] 계산하여 기약분수로 나타내어 보세요.

10 $\dfrac{8}{9} \div 6$

11 $5\dfrac{3}{5} \div 7$

12 빈칸에 알맞은 기약분수를 써넣으세요.

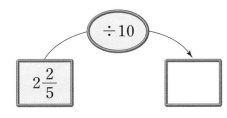

13 곱셈으로 나타내어 계산한 것이 <u>잘못된</u> 것은 어느 것일까요? ·························· (　　　)

① $\dfrac{5}{6} \div 4 = \dfrac{5}{6} \times \dfrac{1}{4} = \dfrac{5}{24}$

② $\dfrac{7}{8} \div 2 = \dfrac{7}{8} \times \dfrac{1}{2} = \dfrac{7}{16}$

③ $\dfrac{4}{15} \div 3 = \dfrac{4}{15} \times \dfrac{1}{3} = \dfrac{4}{45}$

④ $\dfrac{5}{9} \div 10 = \dfrac{5}{9} \times 10 = \dfrac{50}{9} = 5\dfrac{5}{9}$

⑤ $\dfrac{3}{4} \div 5 = \dfrac{3}{4} \times \dfrac{1}{5} = \dfrac{3}{20}$

14 작은 수를 큰 수로 나눈 몫을 구하세요.

$$3 \qquad 2\dfrac{2}{7}$$

(　　　　　　　　)

15 계산 결과를 찾아 선으로 이어 보세요.

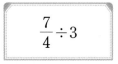 $\dfrac{7}{4} \div 3$ 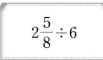 $2\dfrac{5}{8} \div 6$

·   ·

·   ·   ·

$\dfrac{7}{12}$ $\dfrac{7}{15}$ $\dfrac{7}{16}$

16 두 수 중 큰 수를 작은 수로 나눈 몫을 기약분수로 나타내어 보세요.

$$3 \qquad \dfrac{27}{7}$$

(   )

17 나눗셈을 계산하여 ○ 안에 >, =, <를 알맞게 써넣으세요.

$$2\dfrac{5}{8} \div 7 \enspace \bigcirc \enspace 1$$

18 우유 $\dfrac{8}{9}$ L를 네 명이 똑같이 나누어 마셨습니다. 한 사람이 마신 우유는 몇 L인지 기약분수로 나타내어 보세요.

(   )

19 설탕 8 kg을 6개의 봉지에 똑같이 나누어 담았습니다. 한 봉지에 담은 설탕은 몇 kg인지 기약분수로 나타내어 보세요.

(   )

20 길이가 $2\dfrac{2}{5}$ m인 막대를 똑같이 세 도막으로 잘랐습니다. 한 도막의 길이는 몇 m인지 식을 쓰고 답을 기약분수로 나타내어 보세요.

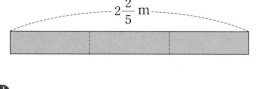

$2\dfrac{2}{5}$ m

식 _____

답 _____

01 오른쪽 그림에 $\frac{5}{6} \div 2$의 몫만큼 빗금을 긋고 □ 안에 알맞은 수를 써넣으세요.

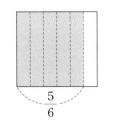 $\div 2$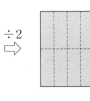

$\frac{5}{6}$

$$\frac{5}{6} \div 2 = \frac{\boxed{}}{\boxed{}}$$

02 나눗셈의 몫을 분수로 나타내어 보세요.

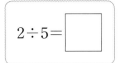

$2 \div 5 = \boxed{}$ $6 \div 7 = \boxed{}$

[03~04] 계산하여 기약분수로 나타내려고 합니다. □ 안에 알맞은 수를 써넣으세요.

03 $\dfrac{6}{7} \div 4 = \dfrac{\boxed{}}{7} \times \dfrac{1}{\boxed{}} = \boxed{}$

04 $\dfrac{21}{10} \div 35 = \dfrac{21}{10} \times \dfrac{\boxed{}}{\boxed{}} = \dfrac{\boxed{}}{\boxed{}}$

[05~06] 나눗셈의 몫을 기약분수로 나타내어 보세요.

05 $\dfrac{10}{11} \div 9$

06 $\dfrac{49}{10} \div 14$

[07~08] 계산하여 기약분수로 나타내려고 합니다. □ 안에 알맞은 수를 써넣으세요.

07 $2\dfrac{1}{4} \div 3 = \dfrac{\boxed{}}{4} \div 3 = \dfrac{\boxed{}}{4} \times \dfrac{\boxed{}}{\boxed{}} = \dfrac{\boxed{}}{\boxed{}}$

08 $3\dfrac{3}{7} \div 5 = \dfrac{\boxed{}}{7} \div 5$

$= \dfrac{\boxed{}}{7} \times \dfrac{1}{\boxed{}} = \boxed{}$

[09~10] 계산하여 기약분수로 나타내어 보세요.

09 $2\dfrac{5}{8} \div 3$

10 $2\dfrac{7}{10} \div 3$

11 잘못 계산한 곳을 찾아 바르게 계산해 보세요.

$$2\dfrac{2}{3} \div 4 = 2\dfrac{\overset{1}{\cancel{2}}}{3} \times \dfrac{1}{\underset{2}{\cancel{4}}} = 2\dfrac{1}{6}$$

⇨ _____

12 빈 곳에 알맞은 기약분수를 써넣으세요.

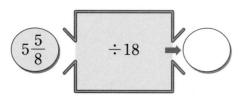

13 나눗셈의 몫이 같은 것끼리 선으로 이어 보세요.

$\dfrac{9}{5} \div 6$ •

$\dfrac{5}{4} \div 2$ •

• $\dfrac{15}{4} \div 10$

• $\dfrac{12}{5} \div 8$

• $\dfrac{35}{8} \div 7$

14 빈칸에 알맞은 기약분수를 써넣으세요.

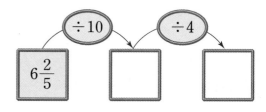

15 나눗셈의 몫이 더 큰 것에 ○표 하세요.

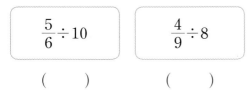

$$\dfrac{5}{6} \div 10$$
(   )

$$\dfrac{4}{9} \div 8$$
(   )

16 길이가 6 m인 리본을 11명이 똑같이 나누어 가지려고 합니다. 한 명이 가지게 되는 리본은 몇 m일까요?

(   )

17 한영이는 주스 $4\dfrac{1}{5}$ L를 일주일 동안 똑같이 나누어 마시려고 합니다. 한영이가 하루에 마셔야 하는 주스는 몇 L인지 기약분수로 나타내어 보세요.

(   )

18 □ 안에 들어갈 수 있는 자연수를 모두 구하세요.

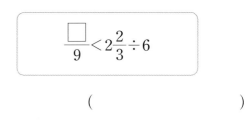

$$\dfrac{\square}{9} < 2\dfrac{2}{3} \div 6$$

(   )

19 수 카드 3장을 모두 사용하여 계산 결과가 가장 작은 나눗셈식을 만들고 계산해 보세요.

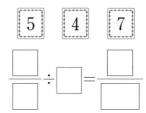

$\boxed{5}$ $\boxed{4}$ $\boxed{7}$

$$\dfrac{\square}{\square} \div \square = \dfrac{\square}{\square}$$

서술형

20 보리 $2\dfrac{9}{13}$ kg을 4봉지에 똑같이 나누어 담으려고 합니다. 보리를 한 봉지에 몇 kg씩 넣어야 하는지 기약분수로 나타내려고 합니다. 풀이 과정을 쓰고 답을 구하세요.

풀이

답 _____

분수의 나눗셈

점수

스피드 정답표 2쪽, 정답 및 풀이 18쪽

01 나눗셈의 몫을 분수로 나타내어 보세요.

$$9 \div 13$$

( )

02 나눗셈의 몫을 분수로 나타낸 것 중 잘못된 것은 어느 것일까요? ·················· ( )

① $7 \div 3 = \dfrac{3}{7}$

② $6 \div 9 = \dfrac{2}{3}$

③ $5 \div 8 = \dfrac{5}{8}$

④ $11 \div 12 = \dfrac{11}{12}$

⑤ $10 \div 9 = 1\dfrac{1}{9}$

03 관계있는 것끼리 선으로 이어 보세요.

| $11 \div 6$ | $6 \div 7$ | $6 \div 11$ |

· · ·

· · ·

| $6 \times \dfrac{1}{7}$ | $6 \times \dfrac{1}{11}$ | $11 \times \dfrac{1}{6}$ |

[04~05] □ 안에 알맞은 수를 써넣으세요.

04 $\dfrac{35}{6} \div 7 = \dfrac{\boxed{} \div \boxed{}}{6} = \dfrac{\boxed{}}{6}$

05 $5\dfrac{1}{4} \div 3 = \dfrac{\boxed{}}{4} \times \dfrac{\boxed{}}{\boxed{}} = \boxed{}$

[06~08] 나눗셈을 하여 몫을 기약분수로 나타내어 보세요.

06 $\dfrac{4}{5} \div 9$

07 $\dfrac{4}{7} \div 5$

08 $\dfrac{23}{5} \div 10$

[09~10] 계산하여 기약분수로 나타내어 보세요.

09 $5\frac{1}{4} \div 14$

10 $2\frac{5}{6} \div 4$

11 빈칸에 알맞은 기약분수를 써넣으세요.

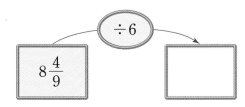

12 가장 큰 수를 가장 작은 수로 나눈 몫을 기약분수로 나타내어 보세요.

$$6\frac{4}{5} \qquad 4 \qquad \frac{31}{5}$$

( )

13 나눗셈의 몫을 비교하여 ◯ 안에 >, =, < 를 알맞게 써넣으세요.

$$2\frac{2}{3} \div 6 \qquad \bigcirc \qquad 7\frac{4}{5} \div 3$$

14 넓이가 $13\,\mathrm{cm}^2$인 리본을 똑같이 8개로 나눈 것입니다. 색칠한 부분의 넓이는 몇 cm^2일까요?

( )

15 ☐ 안에 알맞은 기약분수를 구하세요.

$$\boxed{} \times 6 = 3\frac{3}{8}$$

( )

16 계산 결과가 가장 큰 것을 찾아 기호를 쓰세요.

> ㉠ $\dfrac{4}{7} \div 12$ ㉡ $\dfrac{27}{5} \div 6$
>
> ㉢ $\dfrac{5}{7} \times 14 \div 20$ ㉣ $4\dfrac{7}{8} \div 6 \times 4$

(   )

서술형

17 넓이가 $30\dfrac{1}{3}$ m²인 직사각형이 있습니다. 가로가 7 m일 때 세로는 몇 m인지 기약분수로 나타내려고 합니다. 풀이 과정을 쓰고 답을 구하세요.

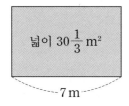

넓이 $30\dfrac{1}{3}$ m²

7 m

풀이

답 _____

18 길이가 $\dfrac{30}{7}$ m인 철사를 4모둠이 똑같이 나누어 가지려고 합니다. 한 모둠이 가지게 되는 철사의 길이는 몇 m인지 기약분수로 나타내어 보세요.

(   )

19 페인트 9통을 모두 사용하여 벽면 $14\dfrac{2}{5}$ m²를 칠했습니다. 페인트 한 통으로 칠한 벽면의 넓이는 몇 m²인지 기약분수로 나타내어 보세요.

(   )

20 식용유 $9\dfrac{3}{8}$ L를 병 5개에 똑같이 나누어 담았습니다. 그중 한 병에 들어 있는 식용유를 남김없이 3일 동안 똑같이 나누어 사용하려고 합니다. 하루에 사용해야 하는 식용유는 몇 L인지 기약분수로 나타내어 보세요.

(   )

스피드 정답표 2쪽, 정답 및 풀이 19쪽

[01~04] 나눗셈의 몫을 기약분수로 나타내어 보세요.

01 $7 \div 15$

02 $13 \div 5$

03 $\dfrac{7}{13} \div 9$

04 $\dfrac{27}{13} \div 18$

05 다음 중 계산이 <u>틀린</u> 것은 어느 것일까요?

·· ( )

① $\dfrac{4}{9} \div 2 = \dfrac{2}{9}$

② $\dfrac{9}{10} \div 6 = \dfrac{3}{20}$

③ $\dfrac{3}{5} \div 9 = \dfrac{1}{15}$

④ $\dfrac{5}{7} \div 10 = \dfrac{1}{14}$

⑤ $\dfrac{7}{8} \div 16 = \dfrac{7}{16}$

[06~07] 계산하여 기약분수로 나타내어 보세요.

06 $6\dfrac{2}{3} \div 15$

07 $3\dfrac{3}{7} \div 4$

08 □ 안에 알맞은 기약분수를 써넣으세요.

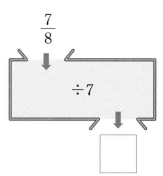

$\dfrac{7}{8}$

$\div 7$

1 분수의 나눗셈

1. 분수의 나눗셈 • **19**

09 빈칸에 큰 수를 작은 수로 나눈 몫을 기약분수로 나타내어 보세요.

$\dfrac{28}{5}$	4

10 가장 큰 수를 가장 작은 수로 나눈 몫을 기약분수로 나타내어 보세요.

$$2 \quad \dfrac{14}{3} \quad 3 \quad 5\dfrac{1}{9}$$

(   )

11 계산 결과가 큰 것부터 차례대로 기호를 쓰세요.

$$\text{㉠ } 6\dfrac{2}{9}\div 8 \quad \text{㉡ } \dfrac{16}{5}\div 4 \quad \text{㉢ } 2\dfrac{8}{9}\div 13$$

(   )

12 길이가 $2\dfrac{6}{11}$ m인 끈으로 가장 큰 정사각형 1개를 만들었습니다. 이 정사각형의 한 변의 길이는 몇 m인지 기약분수로 나타내어 보세요.

(   )

13 □ 안에 알맞은 기약분수를 써넣으세요.

$$\boxed{}\times 5=6\dfrac{2}{3}\div 4$$

14 □ 안에 들어갈 수 있는 자연수를 모두 구하세요.

$$\dfrac{\square}{6}<1\dfrac{4}{6}\div 2$$

(   )

서술형

15 밑변의 길이가 8 cm이고 넓이가 $21\dfrac{5}{9}$ cm²인 평행사변형의 높이는 몇 cm인지 기약분수로 나타내려고 합니다. 풀이 과정을 쓰고 답을 구하세요.

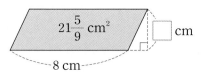

풀이

답 _____

16 철사 $\frac{9}{10}$ m를 모두 사용하여 크기가 똑같은 정삼각형 모양을 3개 만들었습니다. 이 정삼각형의 한 변의 길이는 몇 m인지 기약분수로 나타내어 보세요.

(   )

17 어떤 자연수를 7로 나누어야 할 것을 잘못하여 곱했더니 42가 되었습니다. 바르게 계산하면 얼마인지 몫을 분수로 나타내어 보세요.

(   )

18 정육각형을 6등분 해서 4칸에 색칠했습니다. 정육각형의 넓이가 $7\frac{3}{9}$ cm²일 때 색칠한 부분의 넓이는 몇 cm²인지 기약분수로 나타내어 보세요.

(   )

19 수 카드 3장을 모두 사용하여 계산 결과가 가장 작은 나눗셈식을 만들고 계산해 보세요.

$$\boxed{4} \quad \boxed{7} \quad \boxed{9}$$

$$\frac{\Box}{\Box} \div \Box = \frac{\Box}{\Box}$$

서술형

20 쌀을 어제는 $3\frac{3}{8}$ kg 샀고, 오늘은 $3\frac{3}{4}$ kg 샀습니다. 이틀 동안 산 쌀을 6가정에 똑같은 양으로 나누어 주었습니다. 한 가정이 받은 쌀은 몇 kg인지 기약분수로 나타내려고 합니다. 풀이 과정을 쓰고 답을 구하세요.

풀이

답 _____

스피드 정답표 3쪽, 정답 및 풀이 20쪽

01 정아는 리본 $2\frac{5}{8}$ m를 똑같이 7개로 나눈 것 중 하나로 꽃 모양 한 개를 만들려고 합니다. 꽃 모양 한 개를 만드는 데 사용할 리본은 몇 m인지 기약분수로 나타내어 보세요.

❶ 정아가 다음과 같이 계산하였습니다. 틀린 이유를 써 보세요.

$$2\frac{5}{8} \div 7 = \frac{21}{8} \times 7 = \frac{147}{8} = 18\frac{3}{8}$$

이유
_____

_____

❷ 틀린 부분을 바르게 계산하여 꽃 모양 한 개를 만드는 데 사용할 리본은 몇 m인지 기약분수로 나타내어 보세요.

$2\frac{5}{8} \div 7$ _____

(   )

02 철사 $\frac{4}{5}$ m를 모두 사용하여 크기가 똑같은 정삼각형 모양을 2개 만들었습니다. 이 정삼각형의 한 변의 길이는 몇 m인지 기약분수로 나타내어 보세요.

❶ 정삼각형 모양 한 개를 만드는 데 사용한 철사는 몇 m인지 기약분수로 나타내어 보세요.

$\frac{4}{5} \div 2$ _____

(   )

❷ 정삼각형의 한 변의 길이는 몇 m인지 기약분수로 나타내어 보세요.

정삼각형은 세 변의 길이가 모두 같으므로 한 변의 길이는

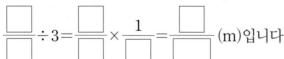

$\dfrac{\square}{\square} \div 3 = \dfrac{\square}{\square} \times \dfrac{1}{\square} = \dfrac{\square}{\square}$ (m)입니다.

(   )

03 어떤 수를 4로 나누어야 할 것을 잘못하여 뺐더니 $3\frac{1}{3}$이 되었습니다. 바르게 계산한 값은 얼마인지 기약분수로 나타내어 보세요.

❶ 어떤 수를 □라 하여 잘못 계산한 식을 써 보세요.

식 ....

❷ 어떤 수를 구하세요.

(   )

❸ 바르게 계산한 값은 얼마인지 기약분수로 나타내어 보세요.

(   )

1 분수의 나눗셈

04 지민이네 모둠과 민서네 모둠은 텃밭을 가꾸기로 했습니다. 누구네 모둠이 상추를 심을 텃밭이 더 넓은지 구하세요.

> • 지민: 우리 모둠의 텃밭은 16 m²야. 감자, 상추, 고추를 똑같은 넓이로 심기로 했어.
> • 민서: 우리 모둠의 텃밭은 21 m²야. 고구마, 상추, 오이, 옥수수를 똑같은 넓이로 심기로 했어.

❶ 지민이네 모둠이 상추를 심을 텃밭의 넓이는 몇 m²인지 기약분수로 나타내어 보세요.

(   )

❷ 민서네 모둠이 상추를 심을 텃밭의 넓이는 몇 m²인지 기약분수로 나타내어 보세요.

(   )

❸ 누구네 모둠이 상추를 심을 텃밭이 더 넓은지 구하세요.

(   )

풀이 과정을 직접 쓰는

서술형평가

분수의 나눗셈

점수

스피드 정답표 3쪽, 정답 및 풀이 20쪽

01 유나가 밀가루 $4\frac{4}{5}$ kg을 사용하여 똑같은 케이크 6개를 만들었습니다. 유나가 케이크 한 개를 만드는 데 사용한 밀가루는 몇 kg인지 다음과 같이 계산하였습니다. 계산이 <u>틀린</u> 이유를 쓰고 바르게 계산하여 답을 기약분수로 구하세요.

유나의 계산

$$4\frac{4}{5} \div 6 = \frac{24}{5} \times 6 = \frac{144}{5} = 28\frac{4}{5}\ (\text{kg})$$

🔍 **어떻게 풀까요?**

- 케이크 한 개를 만드는 데 사용한 밀가루의 무게를 구하는 계산 과정에서 틀린 부분을 찾습니다.

이유 _____

_____

_____

답 _____

02 정사각형 한 개를 똑같이 8부분으로 나누었습니다. 가장 큰 정사각형의 넓이가 $4\frac{8}{9}$ m²일 때 색칠한 부분의 넓이는 몇 m²인지 기약분수로 나타내려고 합니다. 풀이 과정을 쓰고 답을 구하세요.

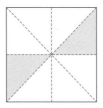

🔍 **어떻게 풀까요?**

- 색칠한 부분의 넓이는 전체를 똑같이 8로 나눈 것 중의 2입니다.

풀이

답 _____

03 어떤 수를 6으로 나누어야 할 것을 잘못하여 더했더니 $8\frac{1}{7}$이 되었습니다. 바르게 계산한 값은 얼마인지 기약분수로 나타내려고 합니다. 풀이 과정을 쓰고 답을 구하세요.

(풀이)

(답) _____

어떻게 풀까요?

• 어떤 수를 □라 하여 덧셈식을 만들어 어떤 수를 구한 후 바르게 계산한 값을 구합니다.

04 윤주네 모둠과 민우네 모둠은 주스를 나누어 마셨습니다. 누구네 모둠이 한 사람이 마신 주스의 양이 더 많은지 풀이 과정을 쓰고 답을 구하세요.

> • 윤주: 우리 모둠은 여자 2명, 남자 2명이 3 L의 주스를 나누어 마셨어.
> • 민우: 우리 모둠은 여자 2명, 남자 3명이 6 L의 주스를 나누어 마셨어.

(풀이)

(답) _____

어떻게 풀까요?

• 윤주네 모둠 4명과 민우네 모둠 5명이 각각 나누어 마신 주스의 양을 구합니다.

스피드 정답표 3쪽, 정답 및 풀이 21쪽

01 피자 한 판의 무게가 $1\frac{1}{4}$ kg입니다. 피자 한 판을 똑같이 8조각으로 나누었을 때 한 조각의 무게는 몇 kg일까요?

(   )

02 계산 결과가 가장 작은 것의 기호를 쓰세요.

> ㉠ $\dfrac{5}{2} \div 5$ ㉡ $\dfrac{7}{4} \div 7$ ㉢ $\dfrac{7}{8} \div 2$

(   )

03 밑변의 길이가 8 cm이고, 넓이가 26 cm²인 평행사변형의 높이는 몇 cm일까요? ·····(   )

① $1\frac{5}{8}$ cm   ② $2\frac{7}{8}$ cm

③ $3\frac{1}{4}$ cm   ④ $3\frac{3}{4}$ cm

⑤ $4\frac{1}{8}$ cm

04 □ 안에 들어갈 수 있는 자연수는 모두 몇 개일까요?

> $3\frac{2}{7} \div 5 < \boxed{} < \dfrac{76}{5} \div 3$

(   )

05 한 봉지에 $\dfrac{7}{4}$ kg씩 들어 있는 쌀이 4봉지 있습니다. 이 쌀을 13명이 똑같이 나누어 가진다면 한 사람이 쌀을 몇 kg 가질 수 있는지 구하세요.

(   )

각기둥과 각뿔

각기둥과 각뿔

개념 ① 각기둥

● 다음과 같은 입체도형을 각기둥이라 하며 밑면의 모양에 따라 삼각기둥, 사각기둥, 오각기둥 …… 이라고 합니다.

삼각기둥   사각기둥   오각기둥   육각기둥

● 각기둥의 밑면, 옆면

· 밑면: 서로 평행하고 합동인 두 면 ──→ 두 밑면은 나머지 면들과 모두 수직으로 만납니다.

· 옆면: 두 밑면과 만나는 면 ──→ 각기둥의 옆면은 모두 직사각형입니다.

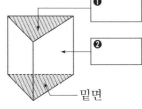

❶

❷

밑면

● 각기둥에서 면과 면이 만나는 선분을 모서리라 하고, 모서리와 모서리가 만나는 점을 꼭짓점이라고 하며, 두 밑면 사이의 거리를 높이라고 합니다.

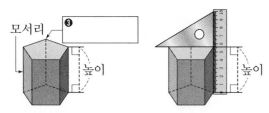

모서리 ❸

높이   높이

개념 ② 각기둥의 전개도

● 각기둥의 전개도: 각기둥의 모서리를 잘라서 평면 위에 펼쳐 놓은 그림

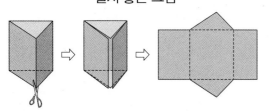

● 전개도 그리기

5 cm
4 cm
4 cm   3 cm

⇒

1 cm
1 cm
예

개념 ③ 각뿔

● 다음과 같은 입체도형을 각뿔이라 하며 밑면의 모양에 따라 삼각뿔, 사각뿔, 오각뿔 …… 이라고 합니다.

삼각뿔   사각뿔   오각뿔   육각뿔

● 각뿔의 밑면, 옆면

옆면
ㅁ
ㄹ
ㄴ   밑면   ㄷ

· 밑면: 면 ㄴㄷㄹㅁ

· 옆면: 면 ㄱㄴㄷ, 면 ㄱㄷㄹ, 면 ㄱㄹㅁ, 면 ㄱㄴㅁ, ──→ 옆면은 삼각형입니다.

● 각뿔에서 면과 면이 만나는 선분을 모서리라 하고, 모서리와 모서리가 만나는 점을 꼭짓점이라고 합니다. 꼭짓점 중에서도 옆면이 모두 만나는 점을 각뿔의 꼭짓점이라 하고, 각뿔의 꼭짓점에서 밑면에 수직인 선분의 길이를 높이라고 합니다.

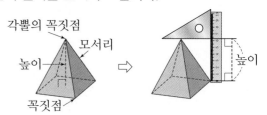

각뿔의 꼭짓점
모서리
높이
꼭짓점

⇒

높이

| 정답 | ❶ 밑면 ❷ 옆면 ❸ 꼭짓점

▶ 각기둥 ~ 각기둥의 전개도   스피드 정답표 4쪽, 정답 및 풀이 21쪽

01 각기둥을 모두 찾아 기호를 쓰세요.

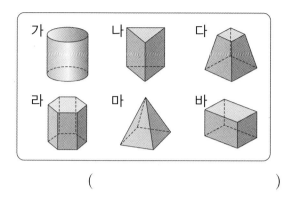

(   )

[02~03] 각기둥을 보고 물음에 답하세요.

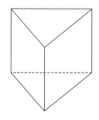

02 서로 평행한 두 면을 찾아 색칠하세요.

03 위 **02**에서 색칠한 두 면에 수직인 면을 무엇이라고 할까요?

(   )

04 다음은 어떤 입체도형의 전개도일까요?

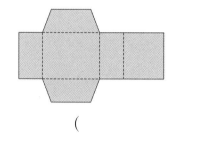

(   )

05 밑면의 모양이 다음과 같은 각기둥의 이름을 쓰세요.

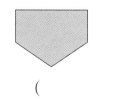

(   )

06 삼각기둥의 옆면의 모양을 쓰세요.

(   )

07 각기둥의 높이는 몇 cm일까요?

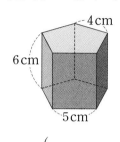

(   )

08 오른쪽 각기둥의 높이를 잴 수 있는 모서리가 <u>아닌</u> 것을 모두 고르세요. (   )

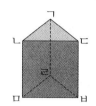

① 모서리 ㄴㅁ   ② 모서리 ㄹㅂ
③ 모서리 ㄷㅂ   ④ 모서리 ㄱㄹ
⑤ 모서리 ㄱㄴ

09 각기둥에서 모서리와 모서리가 만나는 점은 모두 몇 개일까요?

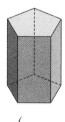

(   )

10 어떤 도형의 전개도인지 쓰세요.

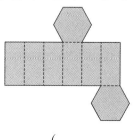

(   )

▶ 각기둥 전개도 그리기 ~ 각뿔   스피드 정답표 4쪽, 정답 및 풀이 21쪽

[01~04] 오른쪽 각뿔을 보고 물음에 답하세요.

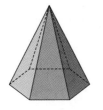

01 밑면은 어떤 모양일까요?

( )

02 각뿔의 이름을 쓰세요.

( )

03 옆면은 모두 몇 개일까요?

( )

04 면과 면이 만나는 선분은 모두 몇 개일까요?

( )

05 각기둥의 전개도를 바르게 그린 것을 모두 고르세요. ································· ( )

① 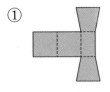 ②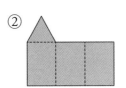

③ 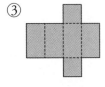 ④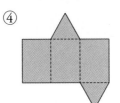

⑤

[06~08] 각뿔을 보고 물음에 답하세요.

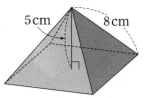
5 cm   8 cm

06 모서리는 모두 몇 개일까요?

( )

07 꼭짓점은 모두 몇 개일까요?

( )

08 높이는 몇 cm일까요?

( )

09 삼각기둥을 펼쳐서 전개도를 그린 것입니다. □ 안에 알맞은 수를 써넣으세요.

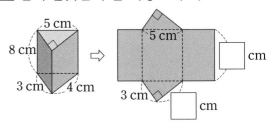

10 각뿔을 보고 빈칸에 알맞은 수를 써넣으세요.

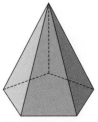

꼭짓점의 수(개)	면의 수(개)	모서리의 수(개)

01 다음 중 평면도형이 <u>아닌</u> 것은 어느 것일까요? ················· (   )

① ② ③ ④ ⑤

[02~03] 도형을 보고 물음에 답하세요.

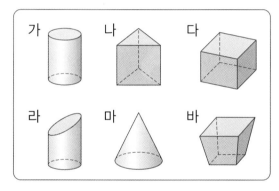

가   나   다
라   마   바

02 서로 평행한 두 면이 있는 입체도형을 모두 찾아 기호를 쓰세요.

(   )

03 위와 아래에 있는 면이 서로 평행하고 합동인 다각형으로 이루어진 입체도형을 모두 찾아 기호를 쓰세요.

(   )

04 □ 안에 알맞은 말을 써넣으세요.

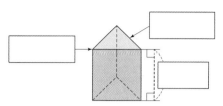

05 다음 중 각뿔은 어느 것일까요?   (   )

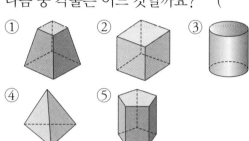

① ② ③ ④ ⑤

06 오른쪽 각기둥을 보고 밑면의 모양과 각기둥의 이름을 쓰세요.

밑면의 모양 (   )
각기둥의 이름 (   )

07 각뿔의 이름을 쓰세요.

(   )

2 각기둥과 각뿔

08 오른쪽 각기둥의 높이는 몇 cm일까요?

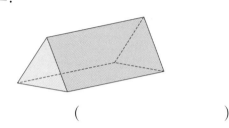

8cm
17cm
5cm 6cm

(　　　　　　　　)

09 □ 안에 알맞은 말을 써넣으세요.

> 각기둥의 모서리를 잘라서 평면 위에 펼쳐 놓은 그림을 각기둥의 □ 라고 합니다.

10 다음과 같은 각기둥 모양의 보석함을 만들려고 합니다. 보석함의 높이는 몇 cm로 해야 할까요?

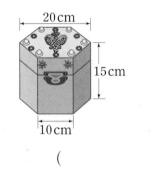

20cm
15cm
10cm

(　　　　　　　　)

11 각기둥에서 밑면을 모두 찾아 쓰세요.

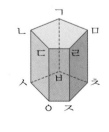

(　　　　　　　　)

12 각기둥에서 면과 면이 만나는 선분은 모두 몇 개일까요?

(　　　　　　　　)

13 창현이는 자석블록으로 다음과 같은 전개도를 만들었습니다. 이 전개도를 접어서 만들 수 있는 각기둥의 이름을 쓰세요.

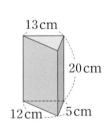

내가 만든 자석블록 전개도야.

창현

(　　　　　　　　)

14 오른쪽 삼각기둥을 보고 전개도를 그린 것입니다. □ 안에 알맞은 수를 써넣으세요.

13cm
20cm
12cm 5cm

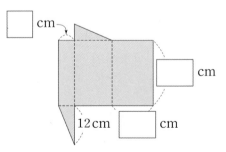

□ cm
□ cm
12cm
□ cm

15 오른쪽 각기둥을 보고 빈칸에 알맞은 수를 써넣으세요.

도형	사각기둥
한 밑면의 변의 수(개)	4
꼭짓점의 수(개)	
면의 수(개)	
모서리의 수(개)	

16 오른쪽 각뿔을 보고 빈칸에 알맞은 수를 써넣으세요.

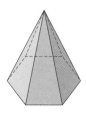

도형	육각뿔
밑면의 변의 수(개)	6
꼭짓점의 수(개)	
면의 수(개)	
모서리의 수(개)	

17 오른쪽 사각기둥의 전개도를 완성해 보세요.

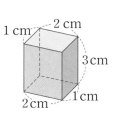

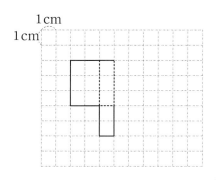

[18~19] 각기둥의 전개도를 보고 물음에 답하세요.

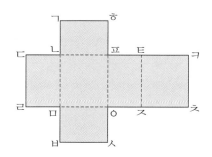

18 전개도를 접었을 때 선분 ㄷㄹ과 만나는 선분을 찾아 쓰세요.

(   )

19 전개도를 접었을 때 점 ㅂ과 만나는 점을 모두 찾아 쓰세요.

(   )

20 모서리의 수가 가장 많은 도형을 찾아 기호를 쓰세요.

> ㉠ 오각기둥   ㉡ 사각뿔
> ㉢ 육각기둥   ㉣ 팔각뿔

(   )

스피드 정답표 4쪽, 정답 및 풀이 22쪽

[01~03] 도형을 보고 물음에 답하세요.

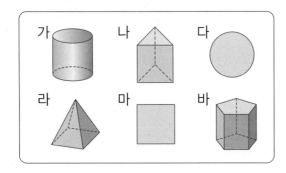

가 나 다
라 마 바

01 입체도형을 모두 찾아 기호를 쓰세요.

( )

02 각기둥을 모두 찾아 기호를 쓰세요.

( )

03 각뿔을 찾아 기호를 쓰세요.

( )

04 각기둥의 이름을 쓰세요.

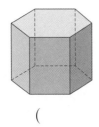

( )

05 각기둥에서 밑면에 수직인 면은 모두 몇 개일까요?

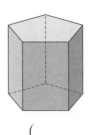

( )

06 각뿔의 밑면에 색칠하세요.

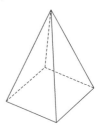

07 ☐ 안에 알맞은 말을 써넣으세요.

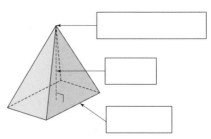

08 각뿔의 이름을 찾아 선으로 이어 보세요.

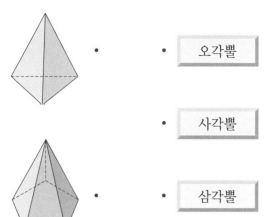

· · 오각뿔

· 사각뿔

· · 삼각뿔

09 각기둥에서 꼭짓점은 모두 몇 개일까요?

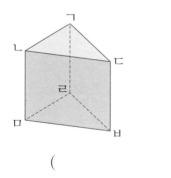

(   )

10 각기둥의 높이는 몇 cm일까요?

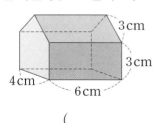

(   )

11 지현이와 동수가 각뿔의 높이를 재려고 합니다. 바르게 잰 사람은 누구일까요?

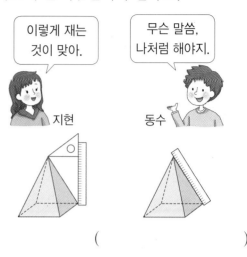

(   )

[12~13] 오른쪽 각뿔을 보고 물음에 답하세요.

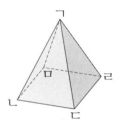

12 모서리는 모두 몇 개일까요?

(   )

13 꼭짓점 중에서도 옆면이 모두 만나는 점을 찾아 쓰세요.

(   )

14 각기둥의 전개도를 찾아 기호를 쓰세요.

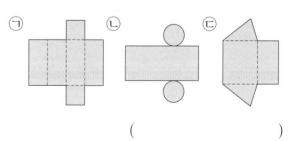

(   )

[15~16] 각기둥의 전개도를 보고 물음에 답하세요.

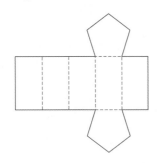

15 위 전개도를 점선을 따라 접었을 때 밑면이 되는 면을 모두 찾아 색칠하세요.

16 위 전개도는 어떤 각기둥의 전개도일까요?

( )

17 도형을 보고 빈칸에 알맞은 수를 써넣으세요.

도형	꼭짓점의 수(개)	면의 수 (개)	모서리의 수(개)
육각기둥	12		
삼각뿔			6

18 다음 중 바르게 설명한 것을 모두 찾아 기호를 쓰세요.

> ㉠ 각뿔의 밑면은 2개입니다.
> ㉡ 각기둥의 옆면은 직사각형입니다.
> ㉢ 각기둥의 밑면은 원 모양입니다.
> ㉣ 각뿔의 옆면은 삼각형입니다.

( )

19 전개도를 접었을 때 면 ㉱와 마주 보는 면은 무엇일까요?

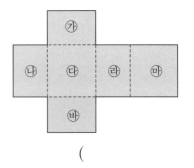

( )

20 각기둥의 전개도입니다. 점선을 따라 접었을 때 만들어지는 각기둥의 한 밑면의 둘레는 몇 cm일까요?

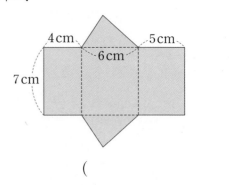

( )

15 왼쪽 전개도를 접어서 오른쪽 각기둥을 만들었습니다. ㉠+㉡+㉢은 얼마일까요?

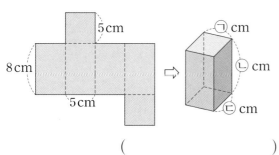

(   )

16 삼각뿔의 면, 모서리, 꼭짓점의 수의 합은 몇 개일까요?

(   )

17 다음 전개도로 만들 수 있는 각기둥을 주어진 전개도와 다른 모양으로 그려 보세요.

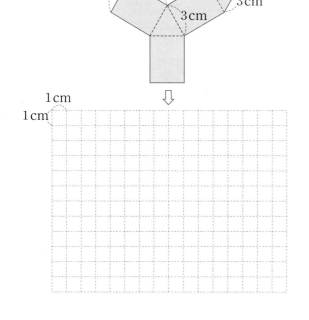

18 각기둥의 전개도를 접었을 때 선분 ㄷㄹ과 만나는 선분은 어느 것일까요?

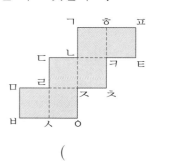

(   )

19 민희는 다음과 같은 전개도를 점선을 따라 접어 저금통을 만들었습니다. 민희가 만든 저금통의 모서리는 모두 몇 개일까요?

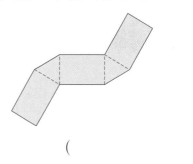

(   )

서술형

20 밑면의 모양이 오른쪽과 같은 각기둥의 꼭짓점은 모두 몇 개인지 풀이 과정을 쓰고 답을 구하세요.

풀이

답 _____

스피드 정답표 4쪽, 정답 및 풀이 24쪽

[01~02] 도형을 보고 물음에 답하세요.

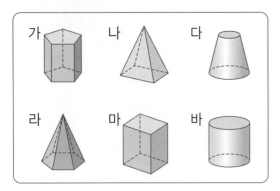

가   나   다

라   마   바

01 각기둥을 모두 찾아 기호를 쓰세요.

(   )

02 각뿔을 모두 찾아 기호를 쓰세요.

(   )

03 오른쪽 각기둥에서 밑면을 모두 찾아 색칠하고 각기둥의 이름을 쓰세요.

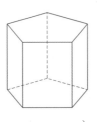

(   )

04 각기둥에서 각 부분의 이름을 잘못 나타낸 것을 찾아 기호를 쓰세요.

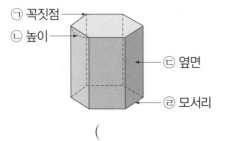

㉠ 꼭짓점
㉡ 높이
㉢ 옆면
㉣ 모서리

(   )

05 오른쪽 각뿔의 높이는 몇 cm일까요?

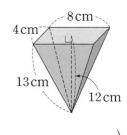

8 cm
4 cm
ㄴ
13 cm
12 cm

(   )

06 다음에서 설명하는 입체도형의 이름을 쓰세요.

- 밑면과 옆면은 서로 수직입니다.
- 두 밑면은 서로 평행하고 합동인 육각형입니다.
- 옆면은 모두 직사각형입니다.

(   )

07 재호와 민영이가 각각 그린 삼각기둥의 전개도입니다. 각기둥의 전개도를 바르게 그린 사람은 누구일까요?

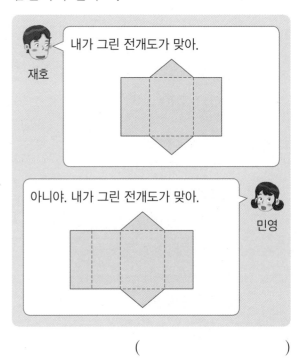

재호   내가 그린 전개도가 맞아.

아니야. 내가 그린 전개도가 맞아.   민영

(   )

08 삼각기둥의 전개도를 보고 □ 안에 알맞은 수를 써넣으세요.

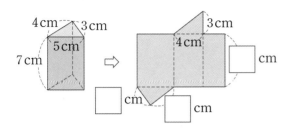 ⇨

09 오른쪽은 어떤 각기둥을 위에서 본 모양입니다. 이 각기둥의 이름을 쓰세요.

(   )

10 빈칸에 알맞은 수를 써넣으세요.

도형	면의 수 (개)	모서리의 수(개)	꼭짓점의 수 (개)
칠각기둥			
칠각뿔			

11 각기둥과 각뿔에 대한 설명으로 옳은 것을 모두 찾아 기호를 쓰세요.

ㄱ 각기둥의 밑면은 1개이고 각뿔의 밑면은 2개입니다.

ㄴ 각기둥의 옆면의 모양은 직사각형이고 각뿔의 옆면의 모양은 삼각형입니다.

ㄷ 각기둥의 옆면의 수는 한 밑면의 변의 수와 같습니다.

ㄹ 각뿔의 밑면과 옆면은 서로 수직입니다.

(   )

[12~13] 전개도를 보고 물음에 답하세요.

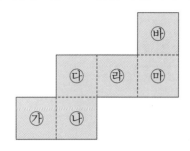

12 전개도를 점선을 따라 접었을 때 만들어지는 각기둥의 이름을 쓰세요.

(   )

13 전개도에서 두 밑면으로 잘못 짝 지은 것을 찾아 번호를 쓰세요.

① 가와 라   ② 다와 마

③ 나와 바   ④ 가와 바

(   )

서술형

14 다음 두 입체도형을 보고 공통점과 차이점을 각각 1가지씩 써 보세요.

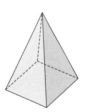 

공통점

_____

_____

차이점

_____

_____

15 다음 중 꼭짓점의 수가 가장 많은 도형은 어느 것일까요? ·········· (   )

① 칠각뿔   ② 삼각기둥
③ 사각기둥   ④ 삼각뿔
⑤ 오각기둥

16 대화를 보고 두 사람이 설명하는 입체도형의 이름을 쓰세요.

밑면은 다각형이고 옆면은 모두 삼각형이야.

모서리가 모두 16개야.

(   )

17 개수가 많은 것부터 차례대로 기호를 쓰세요.

┌─────────────────────┐
│ ㉠ 사각기둥의 면의 수   │
│ ㉡ 오각뿔의 모서리의 수   │
│ ㉢ 삼각뿔의 꼭짓점의 수   │
└─────────────────────┘

(   )

[18~20] 전개도를 보고 물음에 답하세요.

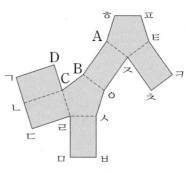

18 전개도를 점선을 따라 접었을 때 선분 ㅅㅇ과 만나는 선분은 어느 것일까요?

(   )

19 전개도를 점선을 따라 접었을 때 점 ㅂ과 만나는 점을 찾아 쓰세요.

(   )

20 위 전개도를 점선을 따라 접었을 때 만들어지는 각기둥에 대한 조건 을 보고 밑면의 한 변의 길이는 몇 cm인지 구하세요.

┌─ 조건 ┤
│ • 옆면은 모두 합동입니다.
│ • 각기둥의 높이는 6 cm입니다.
│ • 각기둥의 모든 모서리의 길이의 합은
│   70 cm입니다.
└────────────────────────

(   )

스피드 정답표 5쪽, 정답 및 풀이 25쪽

01 다음 중 각기둥을 모두 고르세요.(   )

①   ②   ③

④   ⑤

02 각뿔은 모두 몇 개일까요?

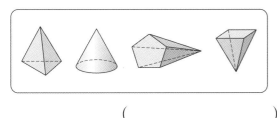

(   )

03 각기둥의 이름을 쓰세요.

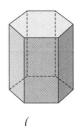

(   )

04 오른쪽 각기둥에서 높이를 잴 수 있는 모서리는 모두 몇 개일까요?

(   )

05 빨대를 이용하여 각뿔을 만들었습니다. 각뿔의 높이는 몇 cm일까요?

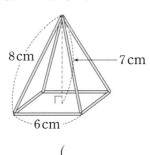

8 cm   7 cm   6 cm

(   )

06 ㉠, ㉡, ㉢에 알맞은 말을 각각 쓰세요.

• 각뿔에서 면과 면이 만나는 선분을 ㉠(이)라고 합니다.
• 각뿔에서 옆면이 모두 만나는 점을 ㉡(이)라고 합니다.
• ㉡에서 밑면에 수직인 선분의 길이를 ㉢(이)라고 합니다.

㉠ (   )
㉡ (   )
㉢ (   )

07 다음 중 각기둥에 대한 설명으로 잘못된 것은 어느 것일까요? ·························· (   )

① 옆면은 직사각형입니다.
② 밑면은 2개입니다.
③ 옆면은 밑면과 서로 수직입니다.
④ 이웃하지 않는 옆면은 항상 서로 평행합니다.
⑤ 밑면의 모양에 따라 이름이 정해집니다.

08 전개도를 점선을 따라 접었을 때 만들어지는 각기둥의 이름을 쓰세요.

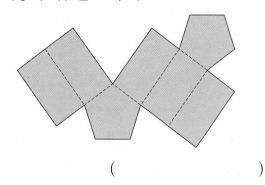

(   )

09 전개도를 접어서 사각기둥을 만들었을 때 색칠한 면과 서로 평행한 면은 어느 것일까요?

(   )

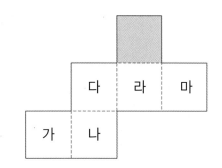

① 면 가   ② 면 나   ③ 면 다
④ 면 라   ⑤ 면 마

10 빈칸에 들어갈 수로 알맞지 <u>않은</u> 것은 어느 것일까요? ·········· (   )

도형	면의 수 (개)	모서리의 수 (개)	꼭짓점의 수 (개)
삼각기둥	①	②	③
육각뿔	④	12	⑤

① 5   ② 9   ③ 6
④ 7   ⑤ 12

[11~12] 여러 가지 카드를 보고 주어진 도형과 관계있는 것을 모두 찾아 기호를 쓰세요.

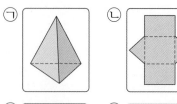

ㄷ 면의 수: 4개

ㅂ 꼭짓점의 수: 8개

11 삼각뿔

(   )

12 사각기둥

(   )

13 다음에서 설명하는 입체도형의 이름을 쓰세요.

- 밑면의 모양은 다각형입니다.
- 옆면의 모양은 모두 삼각형입니다.
- 꼭짓점은 7개입니다.

(   )

14 하나의 각뿔에서 개수가 같은 두 가지를 찾아 기호를 쓰세요.

ㄱ 밑면의 변의 수   ㄴ 면의 수
ㄷ 모서리의 수   ㄹ 꼭짓점의 수

(   )

[15~16] 사각기둥의 전개도를 보고 물음에 답하세요.

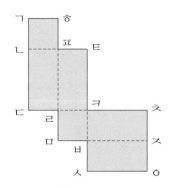

15 전개도를 점선을 따라 접었을 때 면 ㄴㄷㄹㅍ을 한 밑면이라고 하면 다른 밑면은 어느 것일까요?

(   )

16 전개도를 접었을 때 점 ㄴ과 만나는 점은 어느 것일까요?

(   )

서술형
17 면의 수가 가장 적은 각기둥의 면은 모두 몇 개인지 풀이 과정을 쓰고 답을 구하세요.

풀이

답 _____

18 꼭짓점이 16개인 각기둥의 모서리는 모두 몇 개일까요?

(   )

19 밑면이 정삼각형인 삼각기둥의 전개도입니다. 전개도를 점선을 따라 접었을 때 만들어지는 삼각기둥의 모든 모서리의 길이의 합은 몇 cm일까요?

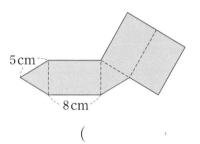

(   )

서술형
20 옆면이 오른쪽 그림과 같은 이등변삼각형 8개로 이루어진 각뿔이 있습니다. 이 각뿔의 모든 모서리의 길이의 합은 몇 cm인지 풀이 과정을 쓰고 답을 구하세요.

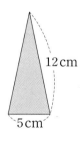

풀이

답 _____

스피드 정답표 5쪽, 정답 및 풀이 25쪽

01 밑면의 모양이 다음과 같은 각기둥의 모서리는 모두 몇 개인지 구하세요.

❶ 밑면의 모양이 위와 같은 각기둥의 이름을 써 보세요.

(   )

❷ ❶에서 구한 각기둥의 모서리는 모두 몇 개일까요?

(   )

02 다음 입체도형에서 꼭짓점의 수와 모서리의 수의 차를 구하세요.

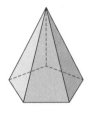

❶ 꼭짓점은 모두 몇 개일까요?

(   )

❷ 모서리는 모두 몇 개일까요?

(   )

❸ 꼭짓점의 수와 모서리의 수의 차를 구하세요.

(   )

03 대화를 보고 잘못 말한 사람은 누구인지 알아보고 잘못된 곳을 바르게 고쳐 보세요.

각기둥은
밑면이 2개야.

학수

각뿔은 옆면의 모양이
직사각형이야.

선영

❶ 잘못 말한 사람의 이름을 쓰세요.

(   )

❷ 잘못된 곳을 바르게 고쳐 보세요.

_____

_____

04 주어진 도형을 보고 전개도를 그린 것입니다. ㉠+㉡+㉢은 얼마인지 구하세요.

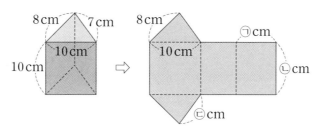

❶ ㉠, ㉡, ㉢에 알맞은 수를 구하세요.

㉠ (   )

㉡ (   )

㉢ (   )

❷ ㉠+㉡+㉢은 얼마인지 구하세요.

(   )

01 밑면의 모양이 오른쪽과 같은 각뿔의 면과 모서리는 모두 몇 개인지 풀이 과정을 쓰고 답을 구하세요.

풀이

답 _____

🔍 **어떻게 풀까요?**

· 밑면의 모양이 팔각형인 각뿔의 이름을 알아보고 면과 모서리의 수를 구합니다.

02 프리즘은 빛의 분산이나 굴절 등을 일으키기 위해 만든 장치입니다. 오른쪽과 같은 삼각기둥 모양의 프리즘에서 면의 수와 꼭짓점의 수의 차는 몇 개인지 풀이 과정을 쓰고 답을 구하세요.

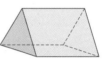

풀이

답 _____

🔍 **어떻게 풀까요?**

· 삼각기둥의 면의 수와 꼭짓점의 수를 각각 구합니다.

03 오른쪽 도형은 각기둥이 아닙니다. 각기둥이 아닌 이유를 2가지만 써 보세요.

이유 1 _____

_____

이유 2 _____

_____

🔍 **어떻게 풀까요?**

· 각기둥은 위와 아래에 있는 면이 서로 평행하고 합동인 다각형으로 이루어진 입체도형입니다.

04 주어진 도형을 보고 전개도를 그린 것입니다. ㉠+㉡−㉢은 얼마인지 풀이 과정을 쓰고 답을 구하세요.

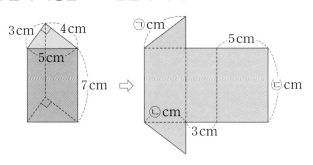

🔍 어떻게 풀까요?

• 전개도를 접었을 때 만나는 모서리의 길이가 같습니다.

풀이

답 _____

05 어느 각기둥의 옆면은 한 변이 15 cm인 정사각형 6개로 이루어져 있습니다. 이 각기둥의 모든 모서리의 길이의 합은 몇 cm인지 풀이 과정을 쓰고 답을 구하세요.

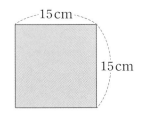

🔍 어떻게 풀까요?

• 각기둥의 한 밑면의 변의 수는 옆면의 개수와 같으므로 먼저 어떤 각기둥인지 생각해 봅니다.

풀이

답 _____

스피드 정답표 5쪽, 정답 및 풀이 26쪽

01 개수가 가장 많은 것을 찾아 기호를 쓰세요.

> ㉠ 육각뿔의 꼭짓점의 수
> ㉡ 구각기둥의 면의 수
> ㉢ 사각기둥의 모서리의 수

(   )

02 다음은 삼각기둥의 전개도입니다. □ 안에 알맞은 수를 써넣으세요.

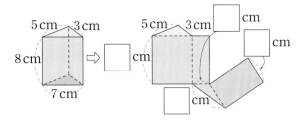

03 각기둥은 모두 몇 개일까요?

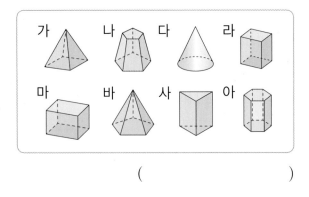

(   )

04 밑면의 모양이 다음과 같은 각뿔의 모서리는 모두 몇 개일까요?

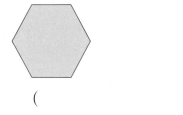

(   )

05 사각뿔을 찾아 기호를 쓰세요.

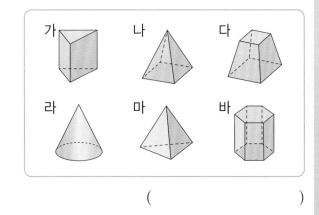

(   )

CONTENTS

3

소수의 나눗셈

3 단원 **개념정리**

개념① (소수)÷(자연수)

● 자연수의 나눗셈을 이용하여 소수의 나눗셈 구하기

$$222 \div 2 = 111$$
$$22.2 \div 2 = 11.1$$
$$2.22 \div 2 = 1.11$$

$\frac{1}{100}$배, $\frac{1}{10}$배, $\frac{1}{10}$배, $\frac{1}{100}$배

나누어지는 수가 $\frac{1}{10}$배, $\frac{1}{100}$배가 되면 몫도 $\frac{1}{10}$배 $\frac{1}{100}$배가 됩니다.

●
$$\begin{array}{r} 8.42 \\ 3{\overline{\smash{)}}\,25.26} \\ \underline{24} \\ 12 \\ \underline{12} \\ 6 \\ \underline{6} \\ 0 \end{array}$$

몫의 소수점은 나누어지는 수의 소수점을 올려 찍습니다.

개념② 몫이 1보다 작은 소수인 (소수)÷(자연수)

● 1.32÷2의 계산

$$1.32 \div 2 = \frac{132}{100} \div 2 = \frac{132 \div 2}{100} = \frac{66}{100} = 0.66$$

$132 \div 2 = 66$ $\frac{1}{100}$배 $1.32 \div 2 = 0.66$ $\frac{1}{100}$배

$$\begin{array}{r} 0.66 \\ 2{\overline{\smash{)}}\,1.32} \\ \underline{12} \\ 12 \\ \underline{\boxed{❶}} \\ 0 \end{array}$$

개념③ 소수점 아래 0을 내려 계산하는 (소수)÷(자연수)

● 8.6÷5의 계산

$$8.6 \div 5 = \frac{860}{100} \div 5 = \frac{860 \div 5}{100} = \frac{172}{100} = 1.72$$

$860 \div 5 = 172$ $\frac{1}{100}$배 $8.6 \div 5 = 1.72$ $\frac{1}{100}$배

$$\begin{array}{r} 1.72 \\ 5{\overline{\smash{)}}\,8.60} \\ \underline{5} \\ 36 \\ \underline{\boxed{❷}} \\ 10 \\ \underline{10} \\ 0 \end{array}$$

개념④ 몫의 소수 첫째 자리에 0이 있는 (소수)÷(자연수)

● 8.2÷4의 계산

$$8.2 \div 4 = \frac{820}{100} \div 4 = \frac{820 \div 4}{100} = \frac{205}{100} = \boxed{❸}$$

$820 \div 4 = 205$ $\frac{1}{100}$배 $8.2 \div 4 = 2.05$ $\frac{1}{100}$배

$$\begin{array}{r} 2.05 \\ 4{\overline{\smash{)}}\,8.20} \\ \underline{8} \\ 20 \\ \underline{20} \\ 0 \end{array}$$

나누기를 계속할 수 없으면 몫에 0을 쓰고 수를 하나 더 내려 계산합니다.

개념⑤ (자연수)÷(자연수)

● 3÷4의 계산

$$3 \div 4 = \frac{3}{4} = \frac{75}{100} = \boxed{❹}$$

$300 \div 4 = 75$ $\frac{1}{100}$배 $3 \div 4 = 0.75$ $\frac{1}{100}$배

$$\begin{array}{r} 0.75 \\ 4{\overline{\smash{)}}\,3.00} \\ \underline{28} \\ 20 \\ \underline{20} \\ 0 \end{array}$$

개념⑥ 몫을 어림하기

● 196÷4의 몫을 어림을 이용하여 구하기
  19.6을 약 20으로 어림하면 20÷4=5이므로
  19.6÷4의 몫은 4보다 크고 5보다 작습니다.
● 어림셈하여 몫의 소수점의 위치 찾기
$$30.2 \div 4 = 7.5\square 5$$
  30.2÷4를 30÷4로 어림하여 계산하면 몫이 7이고 나머지가 2가 되므로 몫은 7보다 큰 수입니다.
  따라서 7 뒤에 소수점을 찍습니다.

| 정답 | ❶ 12   ❷ 35   ❸ 2.05   ❹ 0.75

단원 **쪽지시험 1회**   소수의 나눗셈   점수

▶ (소수)÷(자연수)

스피드 정답표 6쪽, 정답 및 풀이 27쪽

[01~02] 228÷2＝114를 이용하여 몫을 구하세요.

01 22.8÷2

02 2.28÷2

03 ☐ 안에 알맞은 수를 써넣으세요.

$$8.48 \div 2 = \frac{848}{100} \div 2$$
$$= \frac{848 \div 2}{100}$$
$$= \frac{\boxed{}}{100} = \boxed{}$$

04 ☐ 안에 알맞은 수를 써넣으세요.

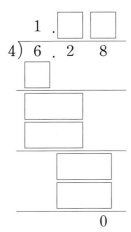

[05~08] 계산해 보세요.

05 $7\overline{)8.5\,4}$

06 $9\overline{)1\,0.2\,6}$

07 $4\overline{)5\,3.8\,4}$

08 $2\overline{)8\,2.6}$

09 빈칸에 알맞은 소수를 써넣으세요.

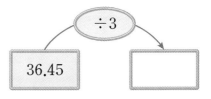

10 왼쪽 식의 몫을 오른쪽에서 찾아 선으로 이어 보세요.

8.15÷5 •		• 1.64
11.83÷7 •		• 1.63
14.76÷9 •		• 1.69

▶ 몫이 1보다 작은 (소수)÷(자연수) ~ 소수점 아래 0을 내려 계산하는 (소수)÷(자연수)   스피드 정답표 6쪽, 정답 및 풀이 27쪽

[01~02] ☐ 안에 알맞은 수를 써넣으세요.

01 $2.04 \div 6 = \dfrac{204}{100} \div 6$

$= \dfrac{204 \div 6}{100}$

$= \dfrac{\boxed{}}{100} = \boxed{}$

02 $7.4 \div 4 = \dfrac{740}{100} \div 4 = \dfrac{740 \div 4}{100}$

$= \dfrac{\boxed{}}{100} = \boxed{}$

[03~04] 나머지가 0이 될 때까지 계산해 보세요.

03 $6\overline{)16.5}$

04 $5\overline{)31.6}$

05 빈칸에 알맞은 수를 써넣으세요.

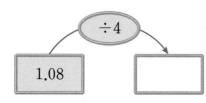

$\div 4$

1.08 → ☐

[06~09] 계산해 보세요.

06 $6\overline{)5.4}$

07 $3\overline{)2.52}$

08 $8\overline{)29.2}$

09 $5\overline{)48.8}$

10 몫이 더 큰 쪽에 ◯표 하세요.

$12.6 \div 4$	$26.8 \div 8$
( )	( )

[01~03] 소수의 나눗셈을 분수의 나눗셈으로 바꾸어 계산해 보세요.

01 $4.1 \div 2$

02 $4.24 \div 4$

03 $5.35 \div 5$

[04~05] □ 안에 알맞은 수를 써넣으세요.

04
   20.2
   ÷4

05
   6.42
   ÷6

[06~09] 계산해 보세요.

06
$$6 \overline{)1\,8.4\,2}$$

07
$$7 \overline{)4\,9.2\,1}$$

08
$$5 \overline{)3\,0.0\,5}$$

09
$$8 \overline{)8.4\,8}$$

10 계산이 잘못된 곳을 찾아 바르게 계산하세요.

$$
\begin{array}{r}
1.8 \\
3\overline{)3.2\,4} \\
3 \\
\hline
2\,4 \\
2\,4 \\
\hline
0
\end{array}
\quad \Rightarrow \quad
3\overline{)3.2\,4}
$$

▶ (자연수)÷(자연수) ~ 몫을 어림하기

스피드 정답표 6쪽, 정답 및 풀이 27쪽

[01~02] 보기 와 같은 방법으로 몫을 구하세요.

┌ 보기 ┐
$$5 \div 4 = \frac{5}{4} = \frac{125}{100} = 1.25$$

01 $7 \div 2$

02 $6 \div 5$

[03~04] □ 안에 알맞은 수를 써넣으세요.

03 $30 \div 5 = 6 \Rightarrow 3 \div 5 = \boxed{}$

04 $300 \div 4 = 75 \Rightarrow 3 \div 4 = \boxed{}$

05 보기 와 같이 소수를 소수 첫째 자리에서 반올림하여 어림한 식으로 나타내어 보세요.

┌ 보기 ┐
$$3.89 \div 4 \Rightarrow 4 \div 4$$

$179.6 \div 5 \Rightarrow \boxed{} \div \boxed{}$

[06~09] 나머지가 0이 될 때까지 계산해 보세요.

06

$4\overline{)3\ 3}$

07

$2\overline{)1\ 1}$

08

$5\overline{)7}$

09

$5\overline{)2\ 8}$

10 몫을 어림해 보고 알맞은 식을 찾아 ○표 하세요.

$82.8 \div 4 = 207$	
$82.8 \div 4 = 20.7$	
$82.8 \div 4 = 2.07$	
$82.8 \div 4 = 0.207$	

[01~02] □ 안에 알맞은 수를 써넣으세요.

01 $5.44 \div 8 = \dfrac{\boxed{}}{100} \div 8 = \dfrac{\boxed{} \div 8}{100}$

$= \dfrac{\boxed{}}{100} = \boxed{}$

02 $17 \div 5 = \dfrac{\boxed{}}{10} \div 5 = \dfrac{\boxed{} \div 5}{10}$

$= \dfrac{\boxed{}}{10} = \boxed{}$

03 다음은 $8.01 \div 3$을 계산한 식입니다. 알맞은 위치에 소수점을 찍어 보세요.

$$
\begin{array}{r}
2\,\square\,6\,\square\,7 \\
3\,)\overline{8\,.\,0\ \ 1} \\
\underline{6} \\
2\ \ 0 \\
\underline{1\ \ 8} \\
2\ \ 1 \\
\underline{2\ \ 1} \\
0 \\
\end{array}
$$

04 |보기|와 같은 방법으로 계산하세요.

|보기|

$$34.08 \div 6 = \dfrac{3408}{100} \div 6 = \dfrac{3408 \div 6}{100}$$

$$= \dfrac{568}{100} = 5.68$$

$28.84 \div 7$

[05~06] 계산해 보세요.

05

$$6\,)\overline{2\ 6.1}$$

06

$$3\,)\overline{9.1\ 8}$$

[07~08] 빈칸에 알맞은 수를 써넣으세요.

07

3.24

÷9

$\boxed{}$

08

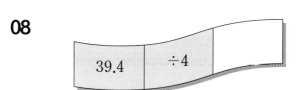

39.4 ÷4

스피드 정답표 6쪽, 정답 및 풀이 28쪽

01 소수를 분수로 고쳐서 계산하려고 합니다. □ 안에 알맞은 수를 써넣으세요.

$$5.6 \div 8 = \frac{\square}{10} \div 8 = \frac{\square \div 8}{10} = \frac{\square}{10} = \square$$

[02~03] □ 안에 알맞은 수를 써넣으세요.

02

```
       □
   ┌──────
 6 ) 2 0 . 4
     1 8
   ───────
       □
       □
   ───────
         0
```

03

```
          □
   ┌──────────
 7 ) 3 5 . 9 8
     3 5
   ──────────
          □
          □
   ──────────
          □
          □
   ──────────
            0
```

[04~05] 계산해 보세요.

04 $9\overline{)3.15}$

05 $4\overline{)1.36}$

[06~07] 빈칸에 알맞은 수를 써넣으세요.

06 1.04 —(÷4)→ □

07 6.16 —(÷4)→ □

[08~09] 나머지가 0이 될 때까지 계산해 보세요.

08

$$5 \overline{)3\,0.8}$$

09

$$5 \overline{)6.3}$$

10 왼쪽 나눗셈의 몫을 오른쪽에서 찾아 선으로 이어 보세요.

| 12.8÷4 | • | • | 3.5 |

| 22.2÷6 | • | • | 3.2 |

| 17.5÷5 | • | • | 3.7 |

11 몫의 크기를 비교하여 ○ 안에 >, =, <를 알맞게 써넣으세요.

| 27÷6 | ◯ | 17÷4 |

12 보기와 같이 자연수의 나눗셈을 분수로 바꾸어 몫을 구해 보세요.

┤ 보기 ├

$$5 \div 4 = \frac{5}{4} = \frac{125}{100} = 1.25$$

7÷5

_____

13 큰 수를 작은 수로 나눈 몫을 빈칸에 써넣으세요.

6	40.8

14 □ 안에 알맞은 수를 써넣으세요.

리본 3.63 m를 3명에게 똑같이 나누어 주려고 합니다.
1 m=100 cm이므로
3.63 m=363 cm입니다.
363÷3=☐,
한 사람에게 줄 수 있는 리본은
☐cm이므로
☐m입니다.

15 계산이 <u>잘못된</u> 곳을 찾아 바르게 계산하세요.

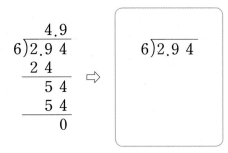

16 몫을 어림해 보고 알맞은 식을 찾아 ○표 하세요.

$22.4 \div 7 = 320$

$22.4 \div 7 = 32$

$22.4 \div 7 = 3.2$

$22.4 \div 7 = 0.32$

17 다음 중에서 몫이 1보다 작은 것은 어느 것일까요? ······················· (   )

① $3.4 \div 2$ ② $9.6 \div 3$

③ $5.4 \div 6$ ④ $4.8 \div 3$

⑤ $6.8 \div 4$

18 길이가 63.84 cm인 색 테이프를 8등분 하였습니다. 색칠한 부분의 길이는 몇 cm일까요?

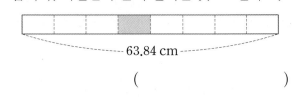

(   )

19 둘레가 13.8 cm인 마름모가 있습니다. 마름모의 한 변의 길이는 몇 cm인지 구하세요.

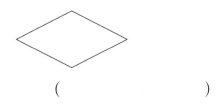

(   )

20 일주일에 45.36분씩 늦게 가는 시계가 있습니다. 이 시계는 하루에 몇 분씩 늦게 가는 셈인지 구하세요.

(   )

[01~02] ☐ 안에 알맞은 수를 써넣으세요.

01 $6.48 \div 4 = \dfrac{\boxed{}}{100} \div 4 = \dfrac{\boxed{} \div 4}{100}$

$= \dfrac{\boxed{}}{100} = \boxed{}$

02 $22 \div 8 = \dfrac{\boxed{}}{100} \div 8 = \dfrac{\boxed{} : 8}{100}$

$= \dfrac{\boxed{}}{100} = \boxed{}$

[03~04] 계산해 보세요.

03

$4 \overline{) 3\,3.4}$

04

$3 \overline{) 2\,4.1\,8}$

[05~06] 나머지가 0이 될 때까지 계산해 보세요.

05

$6 \overline{) 4\,8.3}$

06

$8 \overline{) 2\,6.8}$

07 ☐ 안에 알맞은 수를 써넣으세요.

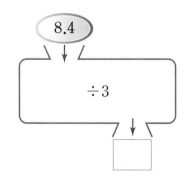

08 계산이 <u>잘못된</u> 곳을 찾아 바르게 계산하세요.

$$8.65 \div 5 = \frac{865}{10} \div 5 = \frac{865 \div 5}{10}$$

$$= \frac{173}{10} = 17.3$$

⇨ _____

[09~10] $988 \div 26 = 38$을 이용하여 □ 안에 알맞은 수를 써넣으세요.

09 $98.8 \div 26 = \boxed{}$

10 $9.88 \div 26 = \boxed{}$

11 계산이 <u>잘못된</u> 곳을 찾아 바르게 계산하세요.

```
        5 3.5
    3)1 6.0 5
      1 5
        1 0
          9
          1 5
          1 5
            0
```
⇨
```
    3)1 6.0 5
```

12 가장 큰 수를 가장 작은 수로 나누어 몫을 구하세요.

| 12.7 | 15 | 6 |

(   )

13 몫을 어림하여 몫이 1보다 큰 나눗셈을 찾아 ○표 하세요.

| $3.48 \div 3$ | $2.35 \div 5$ |
| $2.88 \div 4$ | $4.98 \div 6$ |

14 승민이가 생각한 수는 얼마일까요?

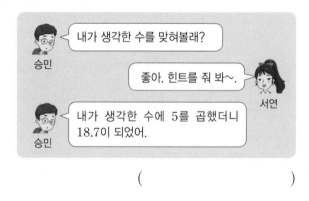

승민: 내가 생각한 수를 맞혀볼래?

서연: 좋아. 힌트를 줘 봐~

승민: 내가 생각한 수에 5를 곱했더니 18.7이 되었어.

(   )

15 나눗셈의 몫이 큰 것부터 차례대로 기호를 쓰세요.

> ㉠ $14.64 \div 4$ ㉡ $30.6 \div 9$
> ㉢ $15.4 \div 5$ ㉣ $23.1 \div 6$

( )

16 몫의 소수점을 잘못 찍은 것은 어느 것일까요? ·························· ( )

① $91 \div 7 = 13$ ⇨ $0.91 \div 7 = 0.13$
② $568 \div 8 = 71$ ⇨ $5.68 \div 8 = 0.71$
③ $36 \div 9 = 4$ ⇨ $3.6 \div 9 = 0.4$
④ $108 \div 4 = 27$ ⇨ $1.08 \div 4 = 2.7$
⑤ $195 \div 5 = 39$ ⇨ $1.95 \div 5 = 0.39$

17 길이가 94.2 m인 철사를 똑같이 6도막으로 잘랐습니다. 철사 한 도막의 길이는 몇 m일까요?

( )

18 세영이네 화단은 다음과 같은 직사각형 모양입니다. 넓이가 92 m^2인 화단을 8칸으로 똑같이 나누었습니다. 꽃을 종류별로 심으려고 할 때 색칠한 부분의 넓이는 몇 m^2일까요?

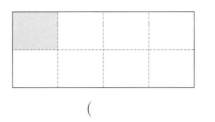

( )

19 무게가 같은 토마토 6상자의 무게가 32.4 kg입니다. 토마토 한 상자의 무게는 몇 kg일까요?

( )

서술형

20 넓이가 51.6 cm^2이고 밑변의 길이가 8 cm인 평행사변형의 높이는 몇 cm인지 풀이 과정을 쓰고 답을 구하세요.

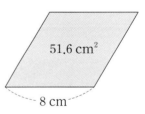

51.6 cm²
8 cm

풀이

답

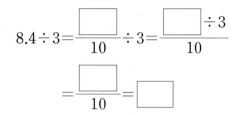
01 ☐ 안에 알맞은 수를 써넣으세요.

$$8.4 \div 3 = \frac{\boxed{}}{10} \div 3 = \frac{\boxed{} \div 3}{10}$$

$$= \frac{\boxed{}}{10} = \boxed{}$$

02 ☐ 안에 알맞은 수를 써넣으세요.

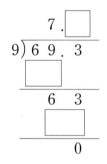

[03~04] 계산해 보세요.

03

$$6\overline{)33.6}$$

04

$$9\overline{)6.21}$$

05 나눗셈을 보고 ☐ 안에 알맞은 수를 써넣으세요.

$$624 \div 26 = 24$$

$$62.4 \div 26 = \boxed{}$$

$$6.24 \div 26 = \boxed{}$$

06 보기와 같이 소수를 분수로 고쳐서 계산하세요.

보기

$$30.4 \div 5 = \frac{3040}{100} \div 5 = \frac{3040 \div 5}{100}$$

$$= \frac{608}{100} = 6.08$$

$$16.2 \div 4$$

_____

07 어림셈하여 몫의 소수점의 위치를 찾아 표시해 보세요.

$$6.84 \div 3$$

어림 $\boxed{} \div \boxed{} \Rightarrow$ 약 $\boxed{}$

몫   2☐2☐8

[08~09] 계산해 보세요.

08 19.5÷5

09 11.4÷3

10 9840÷8=1230입니다. 다음 중에서 바르게 계산한 것은 어느 것일까요? ········ (   )

① 984÷8=12.3

② 98.4÷8=123

③ 9.84÷8=123

④ 98.4÷8=12.3

⑤ 984÷8=1.23

11 빈칸에 알맞은 수를 써넣으세요.

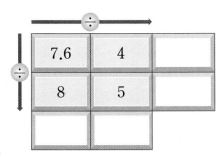

12 가장 큰 수를 가장 작은 수로 나눈 몫을 구하세요.

| 42 | 8 | 32.8 |

(   )

13 계산이 <u>잘못된</u> 곳을 찾아 바르게 계산하세요.

$$\begin{array}{r} 2.4 \\ 5\overline{)1\,0.2} \\ \underline{1\,0} \\ 2\,0 \\ \underline{2\,0} \\ 0 \end{array}$$

⇨

$$5\overline{)1\,0.2}$$

14 빈칸에 알맞은 수를 써넣으세요.

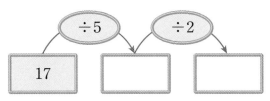

15 몫이 가장 큰 것을 찾아 기호를 쓰세요.

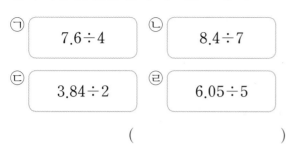

ㄱ 7.6÷4   ㄴ 8.4÷7

ㄷ 3.84÷2   ㄹ 6.05÷5

(   )

16 넓이가 8.2 cm²인 정오각형을 5칸으로 똑같이 나누었습니다. 색칠한 부분의 넓이는 몇 cm²일까요?

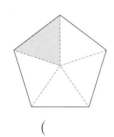

(   )

서술형

17 어느 회사에서 개발한 자동차는 휘발유 27 L로 299.43 km를 간다고 합니다. 이 자동차가 휘발유 1 L로 갈 수 있는 거리는 몇 km인지 풀이 과정을 쓰고 답을 구하세요.

풀이

답 _____

18 우유 22.74 L를 크기가 똑같은 통 6개에 똑같이 나누어 담았습니다. 한 통에 담은 우유의 양은 몇 L일까요?

(   )

19 넓이가 37.2 cm²인 삼각형의 밑변의 길이가 8 cm일 때 높이는 몇 cm일까요?

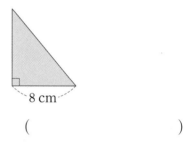

8 cm

(   )

20 어떤 수를 4로 나누어야 할 것을 잘못하여 곱했더니 72.8이 되었습니다. 바르게 계산했을 때의 몫을 구하세요.

(   )

스피드 정답표 7쪽, 정답 및 풀이 30쪽

[01~02] 보기와 같이 소수의 나눗셈을 분수의 나눗셈으로 계산해 보세요.

> **보기**
>
> $$19.4 \div 4 = \frac{1940}{100} \div 4 = \frac{1940 \div 4}{100} = \frac{485}{100} = 4.85$$

01 $23.2 \div 5$

02 $18.7 \div 5$

[03~04] 계산해 보세요.

03

$7)\overline{3\,9.6\,2}$

04

$4)\overline{1\,8.7\,2}$

[05~06] 나머지가 0이 될 때까지 계산해 보세요.

05

$6)\overline{2\,2.5}$

06

$2)\overline{1\,6.5}$

07 자연수의 나눗셈을 이용하여 소수의 나눗셈을 해 보세요.

(1) $63 \div 3 = 21 \Rightarrow 6.3 \div 3 = \boxed{}$

(2) $207 \div 9 = 23 \Rightarrow 20.7 \div 9 = \boxed{}$

08 계산이 <u>잘못된</u> 곳을 찾아 바르게 계산하세요.

$$
\begin{array}{r}
4.5 \\
8)\overline{3.6} \\
3\,2 \\
\hline
4\,0 \\
4\,0 \\
\hline
0
\end{array}
\Rightarrow
\quad 8)\overline{3.6}
$$

3 소수의 나눗셈

09 빈칸에 알맞은 수를 써넣으세요.

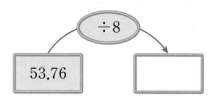

10 몫의 크기를 비교하여 ○ 안에 >, =, <를 알맞게 써넣으세요.

$$10.6 \div 4 \quad \bigcirc \quad 31.46 \div 13$$

11 몫이 가장 큰 나눗셈을 찾아 기호를 쓰세요.

㉠ $18.6 \div 4$	㉡ $1.86 \div 40$
㉢ $18.6 \div 40$	㉣ $1.86 \div 4$

(   )

12 길이가 42.3 m인 리본을 똑같이 9도막으로 잘랐습니다. 자른 리본 한 도막의 길이는 몇 m일까요?

(   )

13 몫을 어림하여 몫이 1보다 작은 나눗셈을 찾아 ○표 하세요.

$59.4 \div 9$	$2.45 \div 5$
$26.1 \div 6$	$42.4 \div 8$

14 연필 1타는 12자루입니다. 똑같은 연필 1타의 무게가 81.6 g일 때 연필 한 자루의 무게는 몇 g일까요?

(   )

15 몫을 어림하여 알맞은 식을 찾아 ○표 하세요.

$$5472 \div 6 = 9120$$
$$547.2 \div 6 = 912$$
$$54.72 \div 6 = 9.12$$

16 가로의 길이가 8.61 m인 길에 그림과 같이 같은 간격으로 나무 8그루를 심으려고 합니다. 나무 사이의 간격은 몇 m로 해야 하는지 구하세요. (단, 나무의 두께는 생각하지 않습니다.)

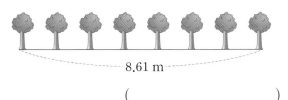

8.61 m

(   )

서술형
17 그림과 같이 넓이가 20.25 m²인 직사각형 모양의 잔디밭을 5칸으로 똑같이 나누었습니다. 색칠된 부분의 넓이는 몇 m²인지 풀이 과정을 쓰고 답을 구하세요.

풀이

답 _____

18 수 카드 ⬜8⬜, ⬜3⬜, ⬜4⬜, ⬜2⬜ 중 2장을 사용하여 몫이 가장 작은 나눗셈을 만들고 계산해 보세요.

⬜ ÷ ⬜ = ⬜

19 똑같은 농구공 18개가 들어 있는 상자의 무게를 재어보니 13.3 kg이었습니다. 빈 상자만의 무게가 1.6 kg이라면 농구공 한 개의 무게는 몇 kg일까요?

(   )

서술형
20 60.8을 어떤 수로 나누었더니 몫이 8로 나누어떨어졌습니다. 어떤 수를 5로 나눈 몫은 얼마인지 풀이 과정을 쓰고 답을 구하세요.

풀이

답 _____

01 서은이의 계산을 보고 서은이가 어떤 실수를 하였는지 쓰세요.

3.3 L의 음료수를 3개의 통에 똑같이 나누어 담아야 해.
33÷3＝11이므로 3.3÷3＝0.11이야. 그러므로
한 개의 통에 담을 음료수의 양은 0.11 L야.

서은

❶ 3.3÷3의 나누어지는 수를 자연수로 어림하여 몫을 구하세요.

$$3.3 \div 3 \Rightarrow \text{어림} \boxed{} \div 3, \text{약} \boxed{}$$

❷ 위 ❶에서 구한 몫을 이용하여 3.3÷3의 몫을 구하고 서은이가 어떤 실수를 하였는지 쓰세요.

$$3.3 \div 3 = \boxed{}$$ (서은이가 한 실수)

_____

02 다음 직사각형을 넓이가 같은 8개의 작은 직사각형으로 나누었습니다. 작은 직사각형 1개의 넓이는 몇 cm²인지 구하세요.

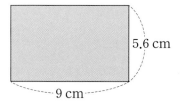

5.6 cm

9 cm

❶ 가로가 9 cm, 세로가 5.6 cm인 직사각형의 넓이는 몇 cm²일까요?

(직사각형의 넓이)＝(가로)×(세로)

$$= \boxed{} \times \boxed{} = \boxed{} \text{(cm}^2\text{)}$$

(   )

❷ 넓이가 같은 8개의 작은 직사각형으로 나누면 작은 직사각형 1개의 넓이는 몇 cm²일까요?

$$\boxed{} \div 8 = \boxed{} \text{(cm}^2\text{)}$$

(   )

03 페인트 25.6 L를 사용하여 가로가 2 m, 세로가 4 m인 직사각형 모양의 벽을 칠했습니다. 1 m²의 벽을 칠하는 데 사용한 페인트는 몇 L인지 구하세요.

❶ 직사각형 모양의 벽의 넓이는 몇 m²일까요?

(   )

❷ 1 m²의 벽을 칠하는 데 사용한 페인트는 몇 L일까요?

(   )

04 수 카드 3 , 2 , 4 , 9 중 3장을 골라 가장 작은 소수 두 자리 수를 만들고, 남은 수 카드의 수로 나누었을 때 몫은 얼마인지 구하세요.

❶ 수 카드 3장으로 만들 수 있는 가장 작은 소수 두 자리 수는 무엇일까요?

(   )

❷ ❶에서 만든 소수를 남은 수 카드의 수로 나누었을 때 나눗셈식을 쓰고 몫을 구하세요.

☐ . ☐ ☐ ÷ ☐

(   )

05 일주일에 17.5분씩 늦어지는 시계가 있습니다. 이 시계는 하루에 몇 분 몇 초씩 늦어지는지 구하세요.

❶ 하루에 늦어지는 시간은 몇 분인지 소수로 나타내세요.

(   )

❷ 이 시계는 하루에 몇 분 몇 초씩 늦어지는지 구하세요.

(   )

단원 서술형평가

소수의 나눗셈

점수

스피드 정답표 8쪽, 정답 및 풀이 31쪽

01 지호의 계산을 보고 지호가 어떤 실수를 하였는지 쓰세요.

> 똑같은 책 3권의 무게는 6.3 kg이야.
> 63÷3=21이므로 6.3÷3=0.21이야.
> 그러므로 책 1권의 무게는 0.21 kg이지.

지호

지호가 한 실수

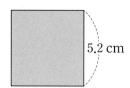

🔍 **어떻게 풀까요?**

• 나누어지는 수를 자연수로 어림하여 몫을 구합니다.

02 그림과 같은 정사각형을 넓이가 같은 8개의 직각삼각형으로 나누었습니다. 작은 직각삼각형 1개의 넓이는 몇 cm²인지 풀이 과정을 쓰고 답을 구하세요.

5.2 cm

풀이

🔍 **어떻게 풀까요?**

• 정사각형을 넓이가 같은 8개의 직각삼각형으로 나누면 다음과 같습니다.

답

03 페인트 25.14 L를 사용하여 밑변의 길이가 3 m, 높이가 2 m인 평행사변형 모양의 벽을 색칠했습니다. 1 m²의 벽을 색칠하는 데 사용한 페인트는 몇 L인지 풀이 과정을 쓰고 답을 구하세요.

풀이

🔍 어떻게 풀까요?

• (평행사변형의 넓이)
  ＝(밑변의 길이)×(높이)

답 _____

04 ⬚2, ⬚9, ⬚4, ⬚3 4장의 수 카드 중 3장을 골라 가장 큰 소수 두 자리 수를 만들고 남은 수 카드의 수로 나누었을 때의 몫은 얼마인지 풀이 과정을 쓰고 답을 구하세요.

풀이

🔍 어떻게 풀까요?

• ㉠.㉡㉢이 가장 큰 소수일 때는 ㉠>㉡>㉢이고, 가장 작은 소수일 때는 ㉠<㉡<㉢입니다.

답 _____

05 일주일에 24.5분씩 늦어지는 벽시계가 있습니다. 이 벽시계는 하루에 몇 분 몇 초씩 늦어지는지 풀이 과정을 쓰고 답을 구하세요.

풀이

🔍 어떻게 풀까요?

• 일주일＝7일이고
  1분＝60초입니다.

답 _____

③
소수의 나눗셈

비와 비율

개념 ① 두 수를 비교하기

● 6학년 학생을 한 모둠에 남학생 3명, 여학생 6명으로 구성할 때, 남학생 수와 여학생 수를 비교하기

모둠 수	1	2	3	4
남학생 수(명)	3	6	9	12
여학생 수(명)	6	12	18	❶

① 뺄셈으로 비교하기

　모둠 수에 따라 여학생은 남학생보다 각각 3명, 6명, 9명, 12명이 더 많습니다.

② 나눗셈으로 비교하기

　항상 여학생 수는 남학생 수의 2배입니다.

개념 ② 비 알아보기

두 수를 나눗셈으로 비교하기 위해 기호 : 을 사용하여 나타낸 것을 비라고 합니다.

● 두 수 3과 2를 비교하기

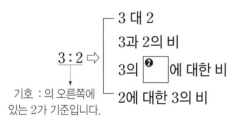

$3:2 \Rightarrow$
- 3 대 2
- 3과 2의 비
- 3의 ❷ 에 대한 비
- 2에 대한 3의 비

기호 : 의 오른쪽에 있는 2가 기준입니다.

개념 ③ 비율 알아보기

● 3 : 2에서 기호 : 의 오른쪽에 있는 2는 기준량이고, 왼쪽에 있는 3은 비교하는 양입니다.

● 비율: 기준량에 대한 비교하는 양의 크기

$$(비율)=(비교하는\ 양)÷(기준량)=\frac{(비교하는\ 양)}{(기준량)}$$

예 비 3 : 10을 비율로 나타내면 $\frac{3}{10}$ 또는 0.3

개념 ④ 비율이 사용되는 경우 알아보기

예 고속 열차를 타고 2시간 동안 서울에서 강릉까지 약 200 km를 갔습니다. 서울에서 강릉까지 가는 데 걸린 시간에 대한 간 거리의 비율을 구하면

$\underset{기준량}{\qquad}$ $\underset{비교하는\ 양}{\qquad}$

$\frac{200}{2}(=100)$입니다.

개념 ⑤ 백분율 알아보기

● 백분율: 기준량을 100으로 할 때의 비율
기호 %를 사용하여 나타냅니다.

예 비율 $\frac{85}{100}$를 85 %라 쓰고 85 퍼센트라고 읽습니다.

● 백분율 구하는 방법
소수나 분수로 나타낸 비율에 100을 곱해서 나온 값에 % 기호를 붙입니다.

예 $\frac{14}{25} × 100 =$ ❸ (%)

개념 ⑥ 백분율이 사용되는 경우 알아보기

예 볼펜의 원래 가격: 2000원
할인된 판매 가격: 1500원

⇨ 할인된 판매 가격은 원래 가격의
$\frac{1500}{2000}=\frac{75}{100}$이므로 ❹ %입니다.

| 정답 | ❶ 24　❷ 2　❸ 56　❹ 75

[01~03] 남학생 2명, 여학생 4명으로 한 모둠을 구성하였습니다. 표를 보고 물음에 답하세요.

모둠 수	1	2	3	4	5
남학생 수(명)	2	4	6	8	10
여학생 수(명)	4	8			

01 학생 수에 맞게 표를 완성하세요.

02 ☐ 안에 알맞은 수를 써넣으세요.

여학생 수는 남학생 수의 ☐ 배입니다.

03 ☐ 안에 알맞은 수를 써넣으세요.

모둠 수에 따라 여학생 수는 남학생 수보다 각각 2명, 4명, ☐명, ☐명, ☐명 더 많습니다.

[04~05] 그림을 보고 ☐ 안에 알맞은 수를 써넣으세요.

04
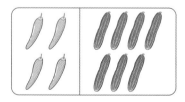

고추 수와 오이 수의 비 ⇨ ☐ : ☐

05
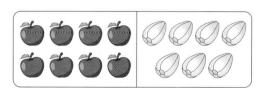

사과 수에 대한 참외 수의 비 ⇨ ☐ : ☐

[06~07] 비를 보고 ☐ 안에 알맞은 수를 써넣으세요.

06

15 : 13

☐의 ☐에 대한 비

07

5 : 11

☐에 대한 ☐의 비

[08~09] 그림을 보고 전체에 대한 색칠한 부분의 비를 써 보세요.

08
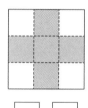

☐ : ☐

09
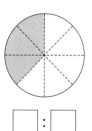

☐ : ☐

10 비를 <u>잘못</u> 나타낸 것을 찾아 기호를 쓰세요.

㉠ 9의 11에 대한 비 ⇨ 9 : 11

㉡ 6에 대한 7의 비 ⇨ 6 : 7

㉢ 5와 4의 비 ⇨ 5 : 4

(   )

[01~02] 비교하는 양과 기준량을 찾아 쓰고 비율을 분수로 나타내어 보세요.

	비	비교하는 양	기준량	비율
01	7 : 8			
02	13 : 25			

[03~04] 주어진 비의 비율을 분수로 나타내어 보세요.

03 | 2 : 5 | 　　(　　　　　　)

04 | 7 : 2 | 　　(　　　　　　)

[05~06] 주어진 비의 비율을 소수로 나타내어 보세요.

05 | 29 : 50 | 　　(　　　　　　)

06 | 9 : 20 | 　　(　　　　　　)

07 비율을 분수와 소수로 각각 나타내어 보세요.

> 5에 대한 3의 비

분수 (　　　　　　　)
소수 (　　　　　　　)

08 그림을 보고 전체에 대한 색칠한 부분의 비율을 분수로 나타내어 보세요.

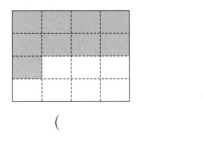

(　　　　　　　　)

09 그림을 보고 전체에 대한 색칠한 부분의 비율을 소수로 나타내어 보세요.

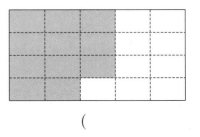

(　　　　　　　　)

10 비율이 같은 것끼리 선으로 이어 보세요.

7 : 10	•	• $\dfrac{18}{25}$ •	• 0.7
20에 대한 13의 비	•	• $\dfrac{13}{20}$ •	• 0.72
18과 25의 비	•	• $\dfrac{7}{10}$ •	• 0.65

▶ 비율이 사용되는 경우 알아보기

스피드 정답표 8쪽, 정답 및 풀이 32쪽

[01~02] □ 안에 알맞은 수를 써넣으세요.

01 지민이는 100 m를 달리는 데 25초가 걸렸습니다. 지민이가 100 m를 달리는 데 걸린 시간에 대한 달린 거리의 비율을 구하세요.

$$\frac{\boxed{}}{25} = \boxed{}$$

02 치타가 150 m를 달리는 데 5초가 걸렸습니다. 치타가 150 m를 달리는 데 걸린 시간에 대한 달린 거리의 비율을 구하세요.

$$\frac{\boxed{}}{\boxed{}} = \boxed{}$$

[03~05] 두 버스의 달린 거리와 걸린 시간을 보고 물음에 답하세요.

버스	㉮	㉯
달린 거리	160 km	270 km
걸린 시간	2시간	3시간

03 ㉮ 버스의 걸린 시간에 대한 달린 거리의 비율을 구하세요.

$$\frac{\boxed{}}{2} = \boxed{}$$

04 ㉯ 버스의 걸린 시간에 대한 달린 거리의 비율을 구하세요.

$$\frac{\boxed{}}{3} = \boxed{}$$

05 어느 버스가 더 빠른지 기호를 쓰세요.

(   )

[06~07] 다음 자동차의 걸린 시간에 대한 달린 거리의 비율을 구하세요.

06

달린 거리	300 km
걸린 시간	4시간

(   )

07

달린 거리	480 km
걸린 시간	6시간

(   )

[08~10] 각 마을의 넓이에 대한 인구의 비율을 각각 구하세요.

08

마을	행운 마을
인구(명)	15000
넓이(km²)	10
넓이에 대한 인구의 비율	

09

마을	기쁨 마을
인구(명)	4200
넓이(km²)	7
넓이에 대한 인구의 비율	

10

마을	행복 마을
인구(명)	16800
넓이(km²)	8
넓이에 대한 인구의 비율	

▶ 백분율 알아보기 ~ 백분율이 사용되는 경우 알아보기   스피드 정답표 8쪽, 정답 및 풀이 33쪽

01 비율을 백분율로 나타내려고 합니다. ☐ 안에 알맞은 수를 써넣으세요.

$$\frac{11}{20} \times \boxed{} = \boxed{} (\%)$$

[02~04] 비율을 백분율로 나타내어 보세요.

02   0.53   (   )

03 $\frac{61}{100}$ (   )

04 $\frac{13}{50}$ (   )

05 전체에 대한 색칠한 부분의 비율을 백분율로 나타내어 보세요.

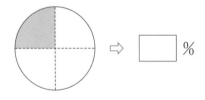

⇨ ☐ %

06 백분율에 알맞게 그림에 색칠해 보세요.

50 % ⇨

[07~08] 서준이와 정아가 축구 연습을 했습니다. 서준이와 정아의 성공률은 각각 몇 %인지 구하세요.

07 서준이는 공을 25번 차서 골대에 18번 공을 넣었다면 서준이의 골 성공률은 몇 %일까요?

(   )

08 정아는 공을 20번 차서 골대에 17번 공을 넣었다면 정아의 골 성공률은 몇 %일까요?

(   )

[09~10] 반려동물을 키우는 것에 찬성하는 학생 수를 조사한 것입니다. 물음에 답하세요.

09 각 반의 찬성률을 %로 나타내어 보세요.

	전체 학생 수(명)	찬성하는 학생 수(명)	찬성률 (%)
1반	25	19	
2반	24	12	

10 찬성률이 더 높은 반은 몇 반일까요?

(   )

01 흰색 바둑돌 수와 검은색 바둑돌 수를 비교하려고 합니다. ☐ 안에 알맞은 수를 써넣으세요.

(1) 흰색 바둑돌은 검은색 바둑돌보다 ☐ 개 더 많습니다.

(2) 흰색 바둑돌 수는 검은색 바둑돌 수의 ☐ 배입니다.

02 ☐ 안에 알맞은 말을 써넣으세요.

비 5 : 7에서 5는 ☐(이)고, 7은 ☐ 입니다. 기준량에 대한 비교하는 양의 크기를 ☐(이)라고 합니다.

03 ☐ 안에 알맞은 수를 써넣으세요.

19의 21에 대한 비 ⇨ ☐ : ☐

04 그림을 보고 ☐ 안에 알맞은 수를 써넣으세요.

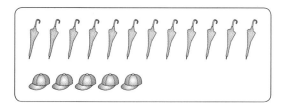

우산 수에 대한 모자 수의 비

⇨ ☐ : ☐

05 전체에 대한 색칠한 부분의 비가 5 : 9가 되도록 색칠해 보세요.

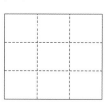

06 비율을 보기와 같이 백분율로 나타내어 보세요.

┤보기├
$$\frac{3}{4} \Rightarrow \frac{3}{4} \times 100 = 75$$
$$\Rightarrow 75\,\%$$

$\frac{7}{25}$ ⇨ _____

⇨ _____

07 그림을 보고 전체에 대한 색칠한 부분의 비율을 백분율로 나타내어 보세요.

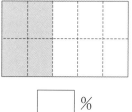

☐ %

08 백분율을 소수로 나타내어 보세요.

> 72 %

(   )

[09~10] 남학생 4명과 여학생 2명으로 한 모둠을 구성하려고 합니다. 모둠 수에 따른 남학생 수와 여학생 수는 얼마인지 물음에 답하세요.

09 표를 완성하세요.

모둠 수	1	2	3	4
남학생 수(명)	4			
여학생 수(명)	2			

10 모둠 수에 따른 남학생 수와 여학생 수의 관계를 써 보세요.

(   )

11 빈칸에 알맞은 수를 써넣으세요.

분수	소수	백분율(%)
$\frac{85}{100}$		
$\frac{3}{100}$		

12 비율이 1보다 큰 것은 어느 것일까요?

· (   )

① 4 : 5
② 9와 7의 비
③ 10의 13에 대한 비
④ 8에 대한 5의 비
⑤ 7 대 20

13 직사각형을 보고 세로에 대한 가로의 비율을 구해 보세요.

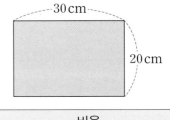

비율	
분수	소수

14 학교 앞길을 청소하는 자원봉사자 20명 중 여자 자원봉사자는 7명입니다. 전체 자원봉사자 수에 대한 남자 자원봉사자 수의 비를 써 보세요.

(   )

15 $\frac{11}{25}$과 비율이 <u>다른</u> 하나를 찾아 ○표 하세요.

| 4.4 | 44% | 25에 대한 11의 비율 |

(   ) (   ) (   )

16 은지는 고리던지기 놀이에서 고리를 15개 던져 3개를 성공시켰습니다. 은지의 고리던지기 성공률은 몇 %일까요?

(   )

17 주하네 학교의 6학년 전체 학생은 250명이고, 여학생은 130명입니다. 전체 학생 수에 대한 여학생 수의 비율을 백분율로 나타내어 보세요.

(   )

18 지원이는 원래 가격이 5000원인 필통을 4000원에 구입했습니다. 지원이는 필통 가격의 몇 %를 할인받았는지 구하세요.

(   )

19 어느 야구 선수는 작년에 300타수 중에서 안타를 96개 쳤습니다. 이 선수의 타율을 소수로 나타내어 보세요.

(   )

20 민우는 물에 매실 원액 150 mL를 넣어 매실 주스 300 mL를 만들었습니다. 민우가 만든 매실 주스 양에 대한 매실 원액의 비율을 구하세요.

(   )

스피드 정답표 9쪽, 정답 및 풀이 33쪽

[01~02] 공원에 남자가 18명, 여자가 6명 있습니다. 남자의 수와 여자의 수를 비교해 보세요.

01 뺄셈으로 비교해 보세요.

$18 - 6 = \boxed{}$ 이므로 남자는 여자보다

$\boxed{}$명 더 많습니다.

02 나눗셈으로 비교해 보세요.

$18 \div 6 = \boxed{}$ 이므로 남자의 수는 여자의

수의 $\boxed{}$배입니다.

03 100원짜리 동전 수에 따라 바꿀 수 있는 10원짜리 동전 수를 나타낸 표입니다. 표를 완성하고 ☐ 안에 알맞은 수를 써넣으세요.

100원짜리 동전 수(개)	1	2	3	4
10원짜리 동전 수(개)	10			

➡ 10원짜리 동전 수는 100원짜리 동전 수의 $\boxed{}$배입니다.

04 ☐ 안에 알맞은 수를 써넣으세요.

$8 : 7$ ➡ $\boxed{}$ 대 $\boxed{}$

$\boxed{}$에 대한 $\boxed{}$의 비

[05~06] 그림과 같이 축구공과 농구공이 있습니다. 물음에 답하세요.

05 축구공 수에 대한 농구공 수의 비를 구하세요.

( )

06 축구공 수와 농구공 수의 비를 구하세요.

( )

07 3 : 7과 비가 같은 것은 어느 것일까요?

⋯⋯⋯⋯⋯⋯⋯⋯⋯⋯⋯⋯⋯⋯⋯⋯⋯ ( )

① 7 : 3   ② 7과 3의 비

③ 3에 대한 7의 비   ④ 7에 대한 3의 비

⑤ 7의 3에 대한 비

08 비교하는 양과 기준량을 찾아 쓰고 비율을 구해 보세요.

| 13과 20의 비 |

비교하는 양	
기준량	
비율	

[09~10] 직사각형을 보고 물음에 답하세요.

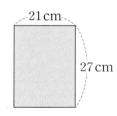

21 cm

27 cm

09 직사각형의 세로에 대한 가로의 길이의 비를 써 보세요.

( )

10 세로에 대한 가로의 길이의 비율을 분수로 나타내어 보세요.

( )

11 비율을 백분율로 나타내려고 합니다. □ 안에 알맞은 수를 써넣으세요.

| 25에 대한 16의 비 |

$(비율) = \dfrac{\boxed{}}{25} \Rightarrow \dfrac{\boxed{}}{25} \times 100 = \boxed{}$

$\Rightarrow \boxed{}\ \%$

[12~13] 그림을 보고 물음에 답하세요.

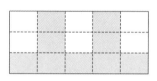

12 색칠한 부분은 전체의 얼마인지 기약분수로 나타내어 보세요.

( )

13 전체에 대한 색칠한 부분의 비율을 백분율로 나타내어 보세요.

( )

14 비율을 백분율로 나타내어 보세요.

비율	0.4	$\dfrac{4}{25}$	1.36
백분율			

4
비
와
비
율

15 관계있는 것끼리 선으로 이어 보세요.

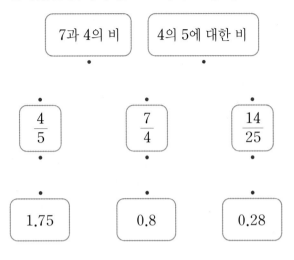

| 7과 4의 비 | 4의 5에 대한 비 |

$\dfrac{4}{5}$ $\dfrac{7}{4}$ $\dfrac{14}{25}$

1.75   0.8   0.28

16 비교하는 양이 기준량보다 큰 것을 모두 고르세요. ·········· (   )

① 0.41   ② $\dfrac{9}{10}$

③ 4에 대한 7의 비   ④ 102 %

⑤ 15 : 20

17 전체에 대한 색칠한 부분의 비가 7 : 10이 되도록 색칠해 보세요.

18 자동차로 124 km를 가는 데 2시간 걸렸습니다. 이 자동차의 걸린 시간에 대한 달린 거리의 비율을 구하세요.

(   )

19 희준이네 반 학생 30명 중에서 수학을 좋아하는 학생은 18명입니다. 수학을 좋아하지 않는 학생 수에 대한 수학을 좋아하는 학생 수의 비율은 얼마인지 기약분수로 나타내어 보세요.

(   )

20 혜미는 어제 수학 시험을 보았습니다. 혜미가 맞힌 문제 수는 전체 문제 수의 몇 % 일까요?

전체 10문제 중 2문제를 틀렸네.

혜미

(   )

[01~02] 한 모둠에 피자를 한 판씩 나누어 주었습니다. 한 모둠은 5명씩이고 피자 한 판은 10조각입니다. 물음에 답하세요.

01 모둠원 수와 피자 조각 수를 비교해 보세요.

뺄셈으로 비교하기	나눗셈으로 비교하기

02 모둠 수에 따른 모둠원 수와 피자 조각 수를 구해 표를 완성해 보세요.

모둠 수	1	2	3	4	5
모둠원 수(명)	5	10	15	20	25
피자 조각 수(조각)	10	20			

03 그림을 보고 사과의 수를 기준량, 배의 수를 비교하는 양으로 하는 비를 구하세요.

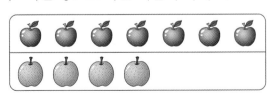

☐ : ☐

04 ☐ 안에 알맞은 수를 써넣으세요.

11 : 25는 ☐ 에 대한 ☐ 의 비 또는 ☐ 과 ☐ 의 비라고 읽습니다.

05 비율을 소수로 나타내어 보세요.

9 : 20

(   )

06 비를 바르게 나타낸 것은 어느 것일까요?
························ (   )

① 7과 4의 비 ⇨ 4 : 7
② 3의 8에 대한 비 ⇨ 8 : 3
③ 4에 대한 1의 비 ⇨ 1 : 4
④ 2의 5에 대한 비 ⇨ 5 : 2
⑤ 4 대 3 ⇨ 3 : 4

07 빈칸에 알맞게 써넣으세요.

분수	소수	백분율
$\frac{37}{100}$		

08 비율을 바르게 나타낸 것을 찾아 기호를 쓰세요.

> ㉠ 5 대 7 ⇨ $1\frac{2}{5}$
>
> ㉡ 6에 대한 12의 비 ⇨ 0.5
>
> ㉢ 4의 1에 대한 비 ⇨ $\frac{1}{4}$
>
> ㉣ 1과 8의 비 ⇨ 0.125

(   )

09 책꽂이에 동화책이 4권, 만화책이 3권, 위인전이 5권 꽂혀 있습니다. 전체 책 수에 대한 위인전 수의 비를 구하세요.

(   )

10 그림을 보고 전체에 대한 색칠한 부분의 비율을 백분율로 나타내어 보세요.

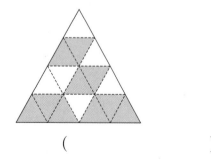

(   )

11 비율이 같은 것끼리 선으로 이어 보세요.

0.75 •		• 54 %
$\frac{27}{50}$ •		• 48 %
$\frac{12}{25}$ •		• 75 %

12 선아는 농구공을 24번 던져 그중에 9번을 성공시켰습니다. 선아의 골 성공률은 몇 %인지 구하세요.

(   )

13 남학생 6명, 여학생 3명으로 한 모둠을 만들었습니다. 다섯 모둠을 만들었을 때 전체 남학생 수는 전체 여학생 수의 몇 배일까요?

(   )

14 공장에서 만든 전기 밥솥 500개 중에서 31개가 불량품이라고 합니다. 전체에 대한 불량품의 비율을 백분율로 나타내어 보세요.

(   )

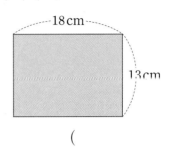
15 다음은 어느 마을의 넓이와 인구입니다. 마을의 넓이에 대한 인구의 비율을 구하세요.

> 넓이: $12\,km^2$, 인구: 138000명

(   )

16 어느 가게에서 그릇을 할인하여 팔고 있습니다. 빈칸에 알맞은 수를 써넣으세요.

원래 가격(원)	판매 가격(원)	할인율(%)
8000		20

17 민규가 백분율에 대해 이야기한 것이 맞는지 틀린지 표시하고 이유를 써 보세요.

비율 $\dfrac{7}{20}$을 백분율로 나타내려면 $\dfrac{7}{20}$에 100을 곱해서 나온 35에 기호 %를 붙이면 돼.

민규

(맞습니다 , 틀립니다).

이유 _____

_____

18 다음과 같은 직사각형에서 세로에 대한 둘레의 비를 구하세요.

18 cm

13 cm

(   )

19 다음과 같이 어느 신발 가게에서 신발을 종류별로 할인하여 판매한다고 합니다. 판매 가격이 가장 비싼 신발의 종류는 무엇일까요?

신발의 종류	운동화	구두	슬리퍼
원래 가격(원)	20000	30000	17000
할인율(%)	20	45	10

(   )

20 영수네 학교에는 축구공 10개, 배구공 15개, 농구공 몇 개가 있습니다. 농구공 수가 전체 공 수의 50 %일 때, 농구공이 몇 개 있는지 구하세요.

(   )

[01~03] 민석이네 반은 한 모둠이 9명입니다. 선생님께서 한 모둠에 손전등을 3개씩 나누어 주신다고 할 때 모둠 수에 따른 학생 수와 손전등 수를 비교하려고 합니다. 물음에 답하세요.

01 모둠 수에 따른 학생 수와 손전등 수를 구하여 표를 완성하세요.

모둠 수	1	2	3	4	5
학생 수(명)	9				
손전등 수(개)	3				

02 모둠 수에 따른 학생 수와 손전등 수 사이의 관계를 쓰세요.

( )

03 손전등 수에 대한 학생 수의 비는 얼마인지 □ 안에 알맞은 수나 말을 써넣으세요.

(학생 수) : ( ) ⇨ : 1

04 다음을 비로 나타내어 보세요.

16에 대한 5의 비

( )

05 기준량이 6이고, 비교하는 양이 5일 때의 비율을 분수로 나타내어 보세요.

( )

06 비율을 백분율로 나타내어 보세요.

$\dfrac{11}{100}$ ⇨ ( )

07 다음 중 4 : 7과 관계가 <u>없는</u> 것은 어느 것일까요? .... ( )

① 4 대 7   ② 4에 대한 7의 비
③ 4와 7의 비   ④ 4의 7에 대한 비
⑤ 7에 대한 4의 비

08 백분율을 분수와 소수로 각각 나타내어 보세요.

37 %

분수 ( )
소수 ( )

09 그림을 보고 전체에 대한 색칠한 부분의 비율을 백분율로 나타내어 보세요.

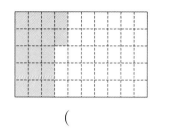

(   )

10 두 직사각형의 가로에 대한 세로의 비율을 비교하려고 합니다. □ 안에 알맞은 수를 써넣고, 알맞은 말에 ○표 하세요.

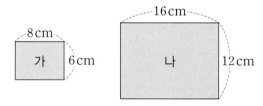

가의 가로에 대한 세로의 비율은

$\dfrac{6}{8} = \dfrac{3}{4} = \dfrac{\boxed{}}{100} = \boxed{}$ 이고

나의 가로에 대한 세로의 비율은

$\dfrac{12}{16} = \dfrac{3}{4} = \dfrac{\boxed{}}{100} = \boxed{}$ 이므로

두 직사각형의 가로에 대한 세로의 비율은
(같습니다 , 다릅니다).

11 기준량이 비교하는 양보다 작은 것은 어느 것일까요? ·······················(   )

① 4와 5의 비

② 9 : 4

③ 16에 대한 13의 비

④ 25의 27에 대한 비

⑤ 10 대 11

---

12 도형 전체에 대하여 주어진 백분율만큼 색칠하세요.

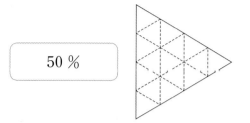

50 %

13 수학여행을 갈 때 기차를 타는 것에 찬성하는 학생 수를 조사했습니다. 각 반의 찬성률을 %로 나타내어 보고, 찬성률이 가장 높은 반은 몇 반인지 알아보세요.

	전체 학생 수(명)	찬성하는 학생 수(명)	찬성률(%)
1반	25	13	
2반	25	10	
3반	20	12	

(   )

서술형

14 주혁이가 비에 대해 이야기한 것이 맞는지 틀린지 표시하고 이유를 써 보세요.

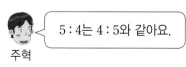

5 : 4는 4 : 5와 같아요.

주혁

(맞습니다 , 틀립니다).

이유 _____

_____

[15~16] 동전 한 개를 10번 던져서 나온 면이 그림 면인지, 숫자 면인지 표에 썼습니다. 물음에 답하세요.

회차	1회	2회	3회	4회	5회
나온 면	그림	숫자	숫자	그림	그림
회차	6회	7회	8회	9회	10회
나온 면	그림	숫자	숫자	숫자	숫자

15 동전을 던진 횟수에 대한 그림 면이 나온 횟수의 비를 써 보세요.

(   )

16 동전을 던진 횟수에 대한 숫자 면이 나온 횟수의 비율을 분수와 소수로 각각 나타내어 보세요.

분수 (   )

소수 (   )

17 공장에서 인형을 500개 만들 때 불량품이 15개 나온다고 합니다. 전체 인형 수에 대한 불량품 수의 비율을 백분율로 나타내어 보세요.

(   )

18 연석이는 20000원짜리 피자를 주문하고 할인권을 사용하여 16000원을 냈습니다. 연석이는 피자값을 몇 % 할인받았는지 구하세요.

(   )

19 종민이와 승철이는 학교 야구 경기에 나갔습니다. 종민이는 10타수 중에서 안타를 6개 쳤고, 승철이는 15타수 중에서 안타를 12개 쳤습니다. 누구의 타율이 더 높을까요?

(   )

20 두 마을의 넓이에 대한 인구의 비율을 각각 구하고, 두 마을 중 인구가 더 밀집한 곳은 어디인지 쓰세요.

마을	가	나
인구(명)	24000	37800
넓이(km²)	16	18
넓이에 대한 인구의 비율		

(   )

01 □ 안에 알맞은 수를 써넣으세요.

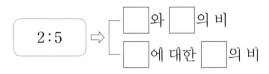

2 : 5 ⇨ □ 와 □ 의 비
       □ 에 대한 □ 의 비

[02~03] 학생 한 명에게 지점토를 4개씩 나누어 주었습니다. 학생 수에 따른 지점토의 수를 구해 표를 완성하고 물음에 답하세요.

학생 수(명)	1	2	3	4	5	6
지점토 수(개)	4	8	12			

02 표를 완성해 보세요.

03 학생 수에 따른 지점토 수를 비교해 보세요.

(   )

[04~05] 그림을 보고 물음에 답하세요.

곰 인형   강아지 인형

04 곰 인형의 수에 대한 강아지 인형의 수의 비를 구하세요.

(   )

05 곰 인형의 수에 대한 강아지 인형의 수의 비율을 분수로 나타내어 보세요.

(   )

06 그림을 보고 ㈎에 대한 ㈏의 비율을 분수와 소수로 각각 나타내어 보세요.

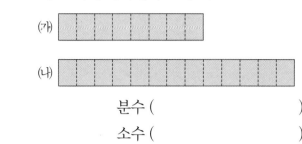

㈎

㈏

분수 (   )

소수 (   )

07 전체에 대한 색칠한 부분의 비가 5 : 8이 되도록 색칠해 보세요.

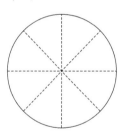

08 알맞은 말에 ○표 하여 문장을 완성하고 그 이유를 써 보세요.

1 : 5와 5 : 1은 (같습니다, 다릅니다).

이유 _____

_____

_____

09 빈칸에 알맞은 수를 써넣으세요.

분수	소수	백분율(%)
	0.03	
$\frac{12}{15}$		

10 비교하는 양과 기준량을 찾아 쓰고 비율을 구하세요.

비	비교하는 양	기준량	비율
11과 20의 비			
8에 대한 24의 비			

11 ㉠과 ㉡에 들어갈 수를 차례로 나타낸 것은 어느 것일까요? ·························· ( )

비	분수	소수
5에 대한 4의 비		㉠
15 : 20	㉡	

① 1.25, $\frac{15}{20}$ ② 1.25, $1\frac{1}{3}$

③ 0.8, $1\frac{1}{3}$ ④ 0.8, $\frac{3}{4}$

⑤ 1.25, $\frac{3}{4}$

12 비율이 같은 것끼리 선으로 이어 보세요.

16 % · · $\frac{2}{125}$

1.6 % · · $\frac{4}{25}$

10.6 % · · $\frac{53}{500}$

13 아라는 미술 시간에 사용하기 위해 빨간 색종이와 파란 색종이를 준비하였습니다. 빨간 색종이 수와 파란 색종이 수의 비가 12 : 13일 때 전체 색종이 수에 대한 파란 색종이 수의 비를 구하세요.

( )

14 지수네 반 전체 학생 수에 대한 남학생 수의 비율이 $\frac{5}{8}$입니다. 남학생이 20명일 때 전체 학생은 몇 명일까요?

( )

15 다음을 보고 어느 영화가 더 인기가 많은지 기호를 쓰세요.

> 가 영화: 영화관의 좌석 수에 대한 관객 수의 비율이 70 %입니다.
> 나 영화: 좌석 400석당 272명이 봤습니다.

(   )

16 빨간 버스는 210 km를 가는 데 3시간이 걸렸고, 파란 버스는 320 km를 가는 데 5시간이 걸렸습니다. 두 버스 중 더 빠른 버스를 구하세요.

(   )

서술형
17 어느 야구 선수가 야구 경기에서 첫째 날에는 5타수 중에서 안타를 2개 쳤고, 둘째 날에는 7타수 중에서 안타를 1개 쳤습니다. 이틀 동안 이 야구 선수의 타율을 소수로 나타내면 얼마인지 풀이 과정을 쓰고 답을 구하세요.

풀이

18 가와 나 도시 중 도시의 넓이에 대한 인구의 비율을 각각 구하고 두 도시 중 인구가 더 밀집한 곳을 구하세요.

도시	인구(명)	넓이 (km²)	넓이에 대한 인구의 비율
가	156000	6	
나	182000	8	

(   )

19 준기는 물에 포도 원액 250 mL를 넣어 포도주스 400 mL를 만들었고, 연호는 물에 포도 원액 180 mL를 넣어 포도주스 450 mL를 만들었습니다. 누가 만든 포도주스가 더 진할까요?

(   )

서술형
20 어느 과일 가게에서 1200원짜리 사과를 900원에 팔고, 2500원짜리 배를 2000원에 팔고 있습니다. 사과와 배 중에서 할인율이 더 높은 것은 어느 것인지 풀이 과정을 쓰고 답을 구하세요.

풀이

답 _____

스피드 정답표 10쪽, 정답 및 풀이 36쪽

01 성준이는 농구장에서 3점슛 10개를 던져 그중 7개를 성공시켰습니다. 성준이의 3점슛 성공률을 백분율로 나타내세요.

❶ 성공률을 분수로 나타내어 보세요.

(   )

❷ 성준이의 성공률은 몇 %일까요?

(   )

02 직사각형 ㉮의 넓이에 대한 직사각형 ㉯의 넓이의 비를 구하세요.

㉮ 6cm 9cm   ㉯ 5cm 10cm

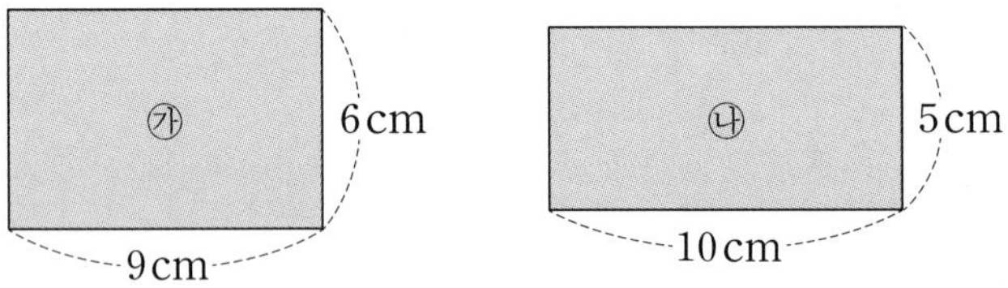

❶ 직사각형 ㉮와 ㉯의 넓이는 각각 몇 cm²인지 구하세요.

㉮ (   ), ㉯ (   )

❷ 직사각형 ㉮의 넓이에 대한 직사각형 ㉯의 넓이의 비를 구하세요.

☐ : ☐

03 원래 가격이 3000원인 액자를 2550원에 샀습니다. 몇 %를 할인받았는지 구하세요.

❶ 할인받은 금액은 얼마일까요?

(   )

❷ 원래 가격에 대한 할인받은 금액의 비율을 분수로 나타내어 보세요.

(   )

❸ 몇 %를 할인받았을까요? (   )

04 비율을 백분율로 바르게 나타낸 사람은 누구인지 구하세요.

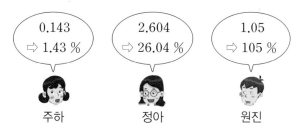

0.143
⇨ 1.43 %

2.604
⇨ 26.04 %

1.05
⇨ 105 %

주하   정아   원진

❶ 세 사람이 말한 비율을 백분율로 각각 나타내어 보세요.

주하: 0.143 ⇨ [　　　] %, 정아: 2.604 ⇨ [　　　] %, 원진: 1.05 ⇨ [　　　] %

❷ 비율을 백분율로 바르게 나타낸 사람은 누구일까요?　　　　(　　　　　　　　)

05 가 학교와 나 학교의 급식에 대한 만족도를 각각 전교생을 대상으로 조사하였습니다. 급식에 대한 만족도는 어느 학교가 더 높은지 구하세요.

학교	만족한다.	만족하지 않는다.
가	350명	150명
나	225명	75명

❶ 가 학교의 급식에 대한 만족도는 몇 % 일까요?

(　　　　　　　　)

❷ 나 학교의 급식에 대한 만족도는 몇 % 일까요?

(　　　　　　　　)

❸ 급식에 대한 만족도가 더 높은 학교는 어디인지 구하세요.　　　(　　　　　　　　)

4 단원 서술형평가

비와 비율

점수

스피드 정답표 10쪽, 정답 및 풀이 37쪽

01 성준이와 혜윤이는 축구 연습을 했습니다. 성준이와 혜윤이 중 누구의 골 성공률이 더 높은지 풀이 과정을 쓰고 답을 구하세요.

> 성준: 나는 공을 25번 차서 골대에 21번 넣었어.
> 혜윤: 나는 공을 20번 차서 골대에 16번 넣었어.

풀이

답 _____

어떻게 풀까요?

- (성공률)=$\dfrac{(골대에 넣은 횟수)}{(공을 찬 횟수)}$

02 직사각형 가와 정사각형 나가 있습니다. 정사각형의 넓이에 대한 직사각형의 넓이의 비율을 분수로 나타내려고 합니다. 풀이 과정을 쓰고 답을 구하세요.

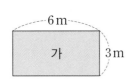
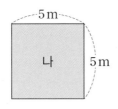

풀이

답 _____

어떻게 풀까요?

- (직사각형의 넓이)
  =(가로)×(세로)

- (정사각형의 넓이)
  =(한 변의 길이)×(한 변의 길이)

03 세희는 42000원 하는 운동화를 35700원에 샀습니다. 세희는 운동화를 몇 % 할인받았는지 풀이 과정을 쓰고 답을 구하세요.

어떻게 풀까요?

• (할인율)=$\dfrac{(할인받은 금액)}{(전체 금액)}$

풀이

답 _____

04 비율을 백분율로 바르게 나타낸 사람은 누구인지 풀이 과정을 쓰고 답을 구하세요.

어떻게 풀까요?

• 백분율은 (비율)×100에 기호 % 를 붙입니다.

이름	윤주	지영	채린
비율	0.64	$\dfrac{43}{50}$	$\dfrac{3}{5}$
백분율	46 %	43 %	60 %

풀이

답 _____

05 수학여행을 갈 때 기차를 타는 것에 찬성하는 학생 수를 조사했습니다. 각 반의 찬성률을 %로 나타내어 보고, 찬성률이 가장 낮은 반은 몇 반인지 풀이 과정을 쓰고 답을 구하세요.

어떻게 풀까요?

• (찬성률)=$\dfrac{(찬성하는 학생 수)}{(전체 학생 수)}$

	전체 학생 수(명)	찬성하는 학생 수(명)	찬성률(%)
1반	25	11	
2반	20	9	
3반	30	15	

풀이

답 _____

01 전체에 대한 색칠한 부분의 비율을 소수로 나타내
어 보세요.

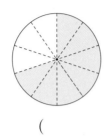

(   )

02 비율이 다른 하나를 찾아 기호를 쓰세요.

> ㉠ $\frac{6}{25}$ ㉡ 24 %   ㉢ 0.24   ㉣ $\frac{13}{50}$

(   )

03 비율이 같은 것끼리 선으로 이어 보세요.

$\frac{17}{20}$ •   • 85 %

0.83   •   • 80 %

$\frac{4}{5}$ •   • 83 %

04 범준이는 100 m를 달리는 데 20초가 걸렸습니다.
범준이가 100 m를 달리는 데 걸린 시간에 대한
달린 거리의 비율은 무엇일까요?····(   )

① 4   ② 5   ③ 6
④ 7   ⑤ 8

05 다음과 같이 어느 편의점에서 샌드위치와 햄버거
를 할인하여 판매한다고 합니다. 샌드위치와 햄버
거의 할인율은 각각 몇 % 인지 구하세요.

	샌드위치	햄버거
원래 가격(원)	1200	1500
할인된 판매 가격(원)	1080	1200

샌드위치 (   )

햄버거 (   )

CONTENTS

5

여러 가지 그래프

여러 가지 그래프

개념① 그림그래프로 나타내기

지역별 초등학생 수

지역	가	나	다	라
초등학생 수(명)	2000	1500	600	1200

지역별 초등학생 수

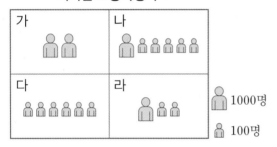

🧍 1000명
🧍 100명

· 🧍은 1000명을, 🧍은 100명을 나타냅니다.
· 초등학생이 가장 많은 지역은 ❶ [   ] 지역입니다.
· 초등학생이 가장 적은 지역은 ❷ [   ] 지역입니다.

〈그림그래프로 나타내면 좋은 점〉
① 어느 지역에 초등학생이 많고 적은지 한눈에 알 수 있습니다.
② 그림의 크기로 많고 적음을 알 수 있습니다.

개념② 띠그래프 알아보기

● 띠그래프: 전체에 대한 각 부분의 비율을 띠 모양에 나타낸 그래프

좋아하는 과일별 학생 수

0 10 20 30 40 50 60 70 80 90 100(%)

| 사과 (30 %) | 배 (25 %) | 귤 (35 %) | 기타 (10 %) |

⇨ 자료를 띠그래프로 나타내면 전체에 대한 각 항목의 비율을 한눈에 알아보기 쉽습니다.

개념③ 띠그래프로 나타내기

● 띠그래프로 나타내는 방법
① 자료를 보고 각 항목의 백분율 구하기
② 각 항목의 백분율의 합계가 100 %가 되는지 확인하기

좋아하는 과목별 학생 수

과목	국어	수학	사회	과학	합계
학생 수(명)	80	60	40	20	200
백분율(%)	40	30	20	10	100

$\frac{80}{200} \times 100 = 40(\%)$

$\frac{60}{200} \times 100 = 30(\%)$

$\frac{40}{200} \times 100 = 20(\%)$

$\frac{20}{200} \times 100 = 10(\%)$

③ 각 항목이 차지하는 백분율의 크기만큼 선을 그어 띠를 나누기
④ 나눈 부분에 각 항목의 내용과 백분율 쓰기
⑤ 띠그래프의 제목 쓰기

좋아하는 과목별 학생 수

0 10 20 30 40 50 60 70 80 90 100(%)

| 국어 (40 %) | 수학 (❸ [   ] %) | 사회 (20 %) | 과학 (10 %) |

개념④ 원그래프 알아보기

● 원그래프: 전체에 대한 각 부분의 비율을 원 모양에 나타낸 그래프

혈액형별 학생 수

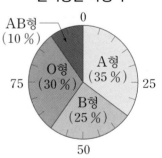

⇨ 자료를 원그래프로 나타내면 전체에 대한 각 항목의 비율을 쉽게 비교할 수 있습니다.

| 정답 | ❶ 가 ❷ 다 ❸ 30

개념 5 원그래프로 나타내기

● 원그래프로 나타내는 방법

① 자료를 보고 각 항목의 백분율 구하기

② 각 항목의 백분율의 합계가 100 %가 되는지 확인하기

좋아하는 채소별 학생 수

채소	오이	배추	가지	무	합계
학생 수(명)	20	10	15	5	50
백분율(%)	40	20	30	10	100

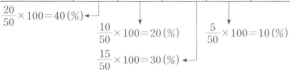

$\frac{20}{50} \times 100 = 40\,(\%)$

$\frac{10}{50} \times 100 = 20\,(\%)$ $\frac{5}{50} \times 100 = 10\,(\%)$

$\frac{15}{50} \times 100 = 30\,(\%)$

③ 각 항목이 차지하는 백분율의 크기만큼 선을 그어 원을 나누기

④ 나눈 부분에 각 항목의 내용과 백분율 쓰기

⑤ 원그래프의 제목 쓰기

좋아하는 채소별 학생 수

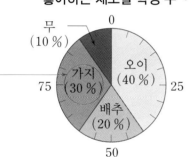

개념 6 그래프 해석하기

● 띠그래프 해석하기

좋아하는 간식별 학생 수

0 10 20 30 40 50 60 70 80 90 100 (%)

떡볶이 (20 %)	햄버거 (40 %)	피자 (25 %)	순대 (15 %)

① 햄버거를 좋아하는 학생 수는 떡볶이를 좋아하는 학생 수의 2배입니다.

② 순대를 좋아하는 학생은 ❹ [ ] %입니다.

③ 가장 많은 학생이 좋아하는 간식은 햄버거입니다.

● 원그래프 해석하기

3~6학년별 학생 수

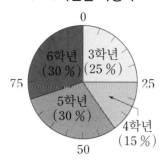

① 5학년 학생 수와 6학년 학생 수는 같습니다.

② 3학년 학생은 ❺ [ ] %입니다.

③ 4학년 학생이 가장 적습니다.

④ 5학년 학생 수는 4학년 학생 수의 2배입니다.

개념 7 여러 가지 그래프 비교하기

	특징
그림 그래프	- 그림의 크기와 수로 수량의 많고 적음을 쉽게 알 수 있습니다. - 자료에 따라 상징적인 그림을 사용할 수 있습니다.
막대 그래프	- 수량의 많고 적음을 한눈에 비교하기 쉽습니다. - 각각의 크기를 비교할 때 편리합니다.
띠그래프, 원그래프	- 전체에 대한 각 항목의 비율을 한눈에 알아보기 쉽습니다. - 각 항목끼리의 비율을 쉽게 비교할 수 있습니다.
꺾은선 그래프	- 수량의 변화하는 모습과 정도를 쉽게 알 수 있습니다. - 시간에 따라 연속적으로 변하는 양을 나타내는 데 편리합니다.

| 정답 | ❹ 15 ❺ 25

5

여러 가지 그래프

[01~04] 마을별 쌀 생산량을 나타낸 표를 보고 물음에 답하세요.

마을별 쌀 생산량

마을	가	나	다
쌀 생산량 (kg)	150	200	320

01 위 표를 🥐은 100 kg, 🥐은 10 kg으로 하여 그림그래프로 나타낼 때 □ 안에 알맞은 수를 써넣으세요.

가는 🥐 □ 개, 🥐 □ 개로 나타냅니다.

02 위 표를 보고 그림그래프를 완성하세요.

마을별 쌀 생산량

마을	쌀 생산량
가	
나	🥐 🥐
다	

🥐 100 kg
🥐 10 kg

03 쌀 생산량이 가장 많은 마을을 쓰세요.

( )

04 쌀 생산량이 가장 적은 마을을 쓰세요.

( )

05 알맞은 말에 ◯표 하세요.

전체에 대한 각 부분의 비율을 띠 모양에 나타낸 그래프를 (그림 , 띠)그래프라고 합니다.

[06~10] 학생들이 좋아하는 과일을 조사하여 나타낸 표입니다. 물음에 답하세요.

좋아하는 과일별 학생 수

과일	포도	사과	딸기	기타	합계
학생 수(명)	12	8	14	6	40
백분율(%)	30	20			100

06 조사한 학생은 모두 몇 명일까요?

( )

07 □ 안에 알맞은 수를 써넣으세요.

딸기: $\dfrac{14}{40} \times 100 =$ □ (%)

08 위 표를 완성하세요.

09 위 표를 보고 띠그래프로 나타내어 보세요.

좋아하는 과일별 학생 수

0 10 20 30 40 50 60 70 80 90 100(%)

10 포도를 좋아하는 학생 수는 기타에 속하는 학생 수의 몇 배일까요?

( )

01 □ 안에 알맞은 말을 써넣으세요.

> 전체에 대한 각 부분의 비율을 원 모양에 나타낸 그래프를 [   ]라고 합니다.

[02~05] 은진이네 반 학생들의 취미를 조사하여 나타낸 표입니다. 물음에 답하세요.

취미별 학생 수

취미	독서	운동	게임	기타	합계
학생 수(명)	5	8	4	3	20
백분율(%)		40	20		

02 조사한 학생은 모두 몇 명일까요?

(   )

03 □ 안에 알맞은 수를 써넣으세요.

독서: $\dfrac{5}{20} \times 100 =$ [   ] (%)

04 위 표를 완성하세요.

05 □ 안에 알맞은 수를 써넣으세요.

취미별 학생 수

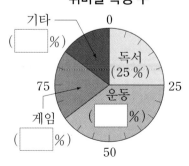

[06~10] 선주네 학교 학생들이 좋아하는 장난감을 조사하여 나타낸 표입니다. 물음에 답하세요.

좋아하는 장난감별 학생 수

장난감	팽이	구슬	인형	요요	합계
학생 수(명)	40	70	30	60	200
백분율(%)	20	35			

06 위 표를 완성하세요.

07 위 표를 보고 원그래프를 완성하세요.

좋아하는 장난감별 학생 수

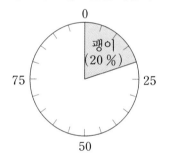

08 가장 많은 학생이 좋아하는 장난감은 무엇일까요?

(   )

09 가장 적은 학생이 좋아하는 장난감은 무엇일까요?

(   )

10 요요를 좋아하는 학생 수는 인형을 좋아하는 학생 수의 몇 배일까요?

(   )

[01~02] 은수네 반 학생들이 살고 있는 아파트 동을 조사하여 나타낸 띠그래프입니다. 물음에 답하세요.

학생들이 살고 있는 아파트 동별 학생 수

0 10 20 30 40 50 60 70 80 90 100(%)

㉮ 동 (40%)	㉯ 동 (20%)	㉰ 동 (15%)	㉱ 동 (25%)

01 ㉰ 동에 사는 학생 수는 전체의 몇 %일까요?

( )

02 ㉮ 동에 사는 학생 수는 ㉯ 동에 사는 학생 수의 몇 배일까요?

( )

[03~05] 윤미네 반 학생들이 읽고 싶어 하는 책을 조사하여 나타낸 원그래프입니다. 물음에 답하세요.

읽고 싶어 하는 책별 학생 수

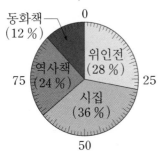

03 동화책을 읽고 싶어 하는 학생 수는 전체의 몇 %일까요?

( )

04 가장 많은 학생이 읽고 싶어 하는 책은 무엇일까요?

( )

05 시집을 읽고 싶어 하는 학생 수는 동화책을 읽고 싶어 하는 학생 수의 몇 배일까요?

( )

[06~10] 마을별로 배출하는 쓰레기 양을 조사하여 나타낸 그림그래프입니다. 물음에 답하세요.

마을별 쓰레기 배출량

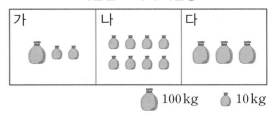

🛍 100kg   🛍 10kg

06 표를 완성하세요.

마을별 쓰레기 배출량

마을	가	나	다	합계
쓰레기 양(kg)		80	300	500
백분율(%)	24		60	100

07 막대그래프로 나타내어 보세요.

마을별 쓰레기 배출량

마을 \ 쓰레기 양	(kg) 0 100 200 300
가	
나	
다	

08 띠그래프로 나타내어 보세요.

마을별 쓰레기 배출량

0 10 20 30 40 50 60 70 80 90 100(%)

09 다 마을의 쓰레기 배출량은 몇 kg일까요?

( )

10 나 마을의 쓰레기 배출량은 몇 %일까요?

( )

스피드 정답표 11쪽, 정답 및 풀이 38쪽

01 □ 안에 알맞은 말을 써넣으세요.

> 전체에 대한 각 부분의 비율을 띠 모양에 나타낸 그래프를 [   ] 라고 합니다.

[02~04] 현정이네 반 학생들이 좋아하는 동물을 조사하여 나타낸 띠그래프입니다. 물음에 답하세요.

좋아하는 동물별 학생 수

| 0 10 20 30 40 50 60 70 80 90 100(%) |

| 고양이 (25 %) | 강아지 (40 %) | 토끼 (20 %) | 기타 (15 %) |

02 고양이를 좋아하는 학생 수는 전체의 몇 %일까요?

(   )

03 전체 학생의 20 %가 좋아하는 동물은 무엇일까요?

(   )

04 가장 많은 학생이 좋아하는 동물은 무엇일까요?

(   )

[05~07] 선경이네 반 학생 40명의 혈액형을 조사하여 나타낸 표입니다. 물음에 답하세요.

혈액형별 학생 수

혈액형	A형	B형	O형	AB형	합계
학생 수(명)	8	12	16	4	40
백분율(%)	20			10	100

05 전체 학생 수에 대한 B형인 학생 수의 백분율을 구하세요.

$$\frac{12}{40} \times 100 - \boxed{} \ (\%)$$

06 전체 학생 수에 대한 O형인 학생 수의 백분율을 구하세요.

$$\frac{\boxed{}}{40} \times 100 = \boxed{} \ (\%)$$

07 위의 표를 보고 띠그래프를 완성하세요.

혈액형별 학생 수

| 0 10 20 30 40 50 60 70 80 90 100(%) |

| A형 (20 %) | B형 ([   ]%) | O형 ([   ]%) | ↑ |

AB형(10 %)

[08~11] 주용이네 반 학생들이 생일에 받고 싶어 하는 선물을 조사하여 나타낸 그래프입니다. 물음에 답하세요.

받고 싶어 하는 선물별 학생 수

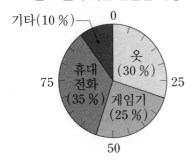

08 위와 같은 그래프를 무슨 그래프라고 할까요?

(   )

09 게임기를 받고 싶어 하는 학생 수는 전체의 몇 %일까요?

(   )

10 전체 학생의 30 %가 받고 싶어 하는 선물은 무엇일까요?

(   )

11 가장 많은 학생이 받고 싶어 하는 선물은 무엇일까요?

(   )

[12~14] 지윤이네 반 학생들이 주말에 가족과 함께 하고 싶은 일을 조사한 표입니다. 물음에 답하세요.

가족과 함께 하고 싶은 일별 학생 수

하고 싶은 일	등산	도서관 가기	영화 관람	놀이공원 가기	합계
학생 수 (명)	2	3	5	10	20
백분율 (%)	10				100

12 전체 학생 수에 대한 도서관에 가고 싶어 하는 학생 수의 백분율을 구하세요.

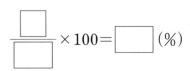

13 전체 학생 수에 대한 가족과 함께 하고 싶은 일별 학생 수의 백분율을 구하여 표를 완성하세요.

14 위의 표를 보고 원그래프를 완성하세요.

가족과 함께 하고 싶은 일별 학생 수

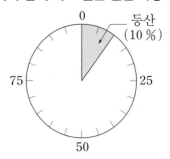

15 마을별 쓰레기 배출량을 그래프로 나타내려고 할 때 적절하지 <u>않은</u> 그래프를 찾아 기호를 쓰세요.

> ㉠ 막대그래프   ㉡ 꺾은선그래프
> ㉢ 띠그래프   ㉣ 그림그래프

(   )

[16~17] 종찬이네 반 학생들이 좋아하는 운동을 조사하여 나타낸 띠그래프입니다. 물음에 답하세요.

좋아하는 운동별 학생 수

0   10   20   30   40   50   60   70   80   90   100(%)

축구 (40 %)	야구 (25 %)	농구 (20 %)	수영 (15 %)

16 축구를 좋아하는 학생 수는 농구를 좋아하는 학생 수의 몇 배일까요?

(   )

17 농구를 좋아하는 학생이 8명일 때 축구를 좋아하는 학생은 몇 명일까요?

(   )

[18~20] 다은이네 농장에 있는 동물을 조사하여 나타낸 원그래프입니다. 물음에 답하세요.

농장에 있는 동물 수

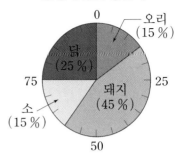

18 돼지의 수는 오리의 수의 몇 배일까요?

(   )

19 농장의 돼지가 90마리입니다. 소는 몇 마리일까요?

(   )

20 오리와 소는 모두 몇 마리인지 구하세요.

(   )

스피드 정답표 12쪽, 정답 및 풀이 39쪽

[01~04] 정수가 한 달 동안 쓴 용돈의 지출 항목을 나타낸 그래프입니다. 물음에 답하세요.

용돈의 지출 항목별 금액

0 10 20 30 40 50 60 70 80 90 100(%)

| 간식 (20 %) | 저축 (30 %) | 학용품 (15 %) | 교통비 (25 %) | 기타 (10 %) |

01 위와 같은 그래프를 무슨 그래프라고 할까요?

(   )

02 교통비는 전체의 몇 % 일까요?

(   )

03 용돈의 지출 금액이 가장 많은 것은 무엇일까요?

(   )

04 저축한 금액은 학용품을 사는 데 쓴 금액의 몇 배일까요?

(   )

[05~06] 주머니 속에 들어 있는 구슬을 색깔별로 조사하여 나타낸 표입니다. 물음에 답하세요.

색깔별 구슬 수

색깔	노랑	빨강	검정	파랑	합계
구슬 수(개)	6	9	12	3	30
백분율(%)	20	30			

05 전체 구슬 수에 대한 색깔별 구슬 수의 백분율을 구하여 표를 완성하세요.

06 위의 표를 보고 띠그래프를 완성하세요.

색깔별 구슬 수

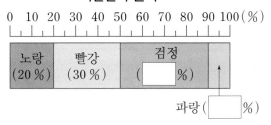

0 10 20 30 40 50 60 70 80 90 100(%)

| 노랑 (20 %) | 빨강 (30 %) | 검정 (%) | ↑ |

파랑 (%)

07 은정이네 마을 사람들이 보는 신문을 조사하여 나타낸 원그래프입니다. ㉮ 신문을 보는 사람 수는 전체의 몇 % 일까요?

신문별 보는 사람 수

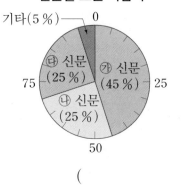

기타(5 %) ── 0
㉰ 신문 (25 %)
㉮ 신문 (45 %)
㉯ 신문 (25 %)
75   50   25

(   )

[08~09] 도별 보리 생산량을 조사하여 나타낸 원그래프입니다. 물음에 답하세요.

도별 보리 생산량

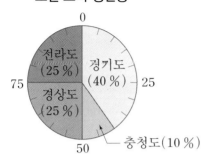

08 보리 생산량이 가장 많은 도는 어디일까요?

( )

09 경상도와 생산량이 같은 도는 어디일까요?

( )

10 원그래프를 순서대로 그릴 때 첫 번째로 해야 하는 것의 기호를 쓰세요.

> ⊙ 항목별 백분율의 합계가 100 %가 되는지 확인합니다.
> ⓛ 원을 그리고 각 항목이 차지하는 백분율만큼 원을 나눕니다.
> ⓒ 나눈 원 위에 각 항목의 내용과 백분율을 써넣습니다.
> ⓔ 각 항목별 백분율을 구합니다.

( )

[11~12] 선영이네 학교 학생들이 좋아하는 과일을 조사하여 나타낸 표입니다. 물음에 답하세요.

좋아하는 과일별 학생 수

과일	배	감	사과	딸기	합계
학생 수(명)	3	4	8	5	20
백분율(%)	15	20			100

11 전체 학생 수에 대한 좋아하는 과일별 학생 수의 백분율을 구하여 표를 완성하세요.

12 위의 표를 보고 원그래프를 완성하세요.

좋아하는 과일별 학생 수

13 마을별 포도 생산량을 조사하여 나타낸 그림그래프입니다. 세 마을의 포도 생산량은 모두 몇 kg일까요?

마을별 포도 생산량

마을	포도 생산량
가	🍇🍇🍇
나	🍇🍇🍇🍇🍇🍇
다	🍇🍇🍇

🍇 100 kg
🍇 10 kg

( )

[14~16] 명민이네 반 학생들의 혈액형을 조사하여 나타낸 띠그래프입니다. 물음에 답하세요.

혈액형별 학생 수

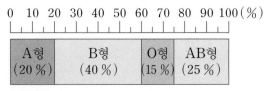

14 학생 수가 많은 혈액형부터 차례로 쓰세요.

(   )

15 명민이네 반 학생이 40명일 때, B형인 학생은 몇 명일까요?

(   )

16 위의 띠그래프를 보고 원그래프로 나타내어 보보세요.

혈액형별 학생 수

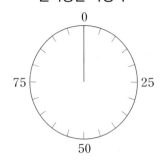

[17~20] 봉지 안에 들어 있는 사탕 50개를 종류별로 조사하여 나타낸 원그래프입니다. 물음에 답하세요.

종류별 사탕 수

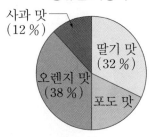

17 포도 맛 사탕의 수는 전체의 몇 %일까요?

(   )

18 가장 많이 들어 있는 사탕은 무슨 맛일까요?

(   )

19 봉지 안에 들어 있는 딸기 맛 사탕은 몇 개일까요?

(   )

20 오렌지 맛 사탕의 수는 사과 맛 사탕의 수의 약 몇 배일까요?

약 (   )

[01~02] 어떤 식품 100 g 속에 들어 있는 영양소를 조사하여 나타낸 그래프입니다. 물음에 답하세요.

식품 100 g에 들어 있는 영양소

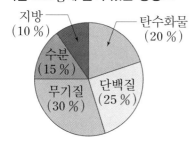

지방 (10 %) / 탄수화물 (20 %) / 수분 (15 %) / 단백질 (25 %) / 무기질 (30 %)

01 위와 같은 그래프를 무슨 그래프라고 할까요?

( )

02 이 식품에 가장 많이 들어 있는 영양소는 무엇일까요?

( )

[03~04] 동영이네 반 학생들이 태어난 계절을 조사하여 나타낸 띠그래프입니다. 물음에 답하세요.

계절별 태어난 학생 수

0 10 20 30 40 50 60 70 80 90 100 (%)

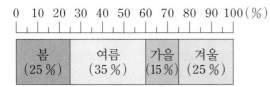

봄 (25 %) / 여름 (35 %) / 가을 (15 %) / 겨울 (25 %)

03 가을에 태어난 학생 수는 전체의 몇 % 일까요?

( )

04 겨울과 학생 수가 같은 계절은 무엇일까요?

( )

[05~07] 영준이와 영준이 어머니의 대화를 보고 물음에 답하세요.

엄마, 우리 가족이 지난 해에 어느 병원을 가장 많이 갔어요?

내과 80회, 치과 60회, 안과 40회, 기타가 20회이구나.

영준   영준이 어머니

05 병원별로 백분율을 구하여 표를 완성하세요.

병원별 간 횟수

병원	내과	치과	안과	기타	합계
횟수(회)	80	60			200
백분율(%)	40				

06 위의 표를 보고 띠그래프를 완성하세요.

병원별 간 횟수

0 10 20 30 40 50 60 70 80 90 100 (%)

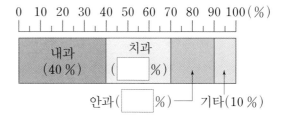

내과 (40 %) / 치과 (%) / 안과 (%) / 기타 (10 %)

07 영준이네 가족이 지난 해에 가장 많이 간 병원의 횟수는 전체의 몇 % 일까요?

( )

[08~09] 영주네 반 학생들이 좋아하는 음식을 조사하여 나타낸 원그래프입니다. 물음에 답하세요.

좋아하는 음식별 학생 수

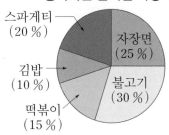

08 학생 수가 적은 음식부터 차례로 쓰세요.

( )

09 불고기를 좋아하는 학생 수는 스파게티를 좋아하는 학생 수의 몇 배일까요?

( )

10 여러 가지 그래프로 나타내기 좋은 상황을 찾아 한 가지씩 써 보세요.

그림그래프: _____

꺾은선그래프: _____

막대그래프: _____

[11~12] 세윤이네 반 학생들이 즐겨 보는 텔레비전 프로그램을 조사하여 나타낸 원그래프입니다. 물음에 답하세요.

즐겨 보는 텔레비전 프로그램별 학생 수

11 드라마를 즐겨 보는 학생 수는 전체의 몇 % 일까요?

( )

12 가장 많은 학생이 즐겨 보는 텔레비전 프로그램은 무엇일까요?

( )

[13~14] 우성이네 학교 학생들이 좋아하는 과목을 조사하여 나타낸 띠그래프입니다. 물음에 답하세요.

좋아하는 과목별 학생 수

0 10 20 30 40 50 60 70 80 90 100 (%)

| 영어 (20 %) | 체육 (40 %) | 국어 (15 %) | 수학 (25 %) |

13 두 번째로 많은 학생들이 좋아하는 과목은 무엇일까요?

( )

14 조사한 학생 수가 1200명이라면 영어를 좋아하는 학생은 몇 명일까요?

( )

[15~17] 종우네 학교 학생들이 컴퓨터를 사용하는 목적을 조사하여 나타낸 표입니다. 물음에 답하세요.

컴퓨터 사용 목적별 학생 수

사용 목적	게임	정보	통신	학습	기타	합계
학생 수 (명)	144	192	48	72	24	480
백분율 (%)	30					

15 컴퓨터의 사용 목적별 백분율을 구하여 표를 완성하세요.

16 위의 표를 보고 띠그래프로 나타내어 보세요.

컴퓨터 사용 목적별 학생 수

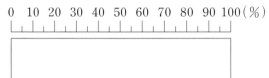

17 위의 표를 보고 원그래프로 나타내어 보세요.

컴퓨터 사용 목적별 학생 수

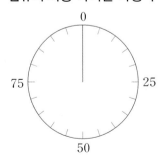

[18~19] 어느 나라의 도시별 인구를 조사하여 나타낸 표입니다. 물음에 답하세요.

도시별 인구

도시	가	나	다	라	합계
백분율(%)	35		25	10	100

18 나 도시의 인구는 전체의 몇 %일까요?

(   )

19 도시별 인구를 길이가 20 cm인 띠그래프로 나타내면 가 도시의 인구는 몇 cm를 차지할까요?

(   )

5
여
러
가
지
그
래
프

서술형

20 어느 지역의 나무 종류별 산림의 넓이를 조사하여 나타낸 원그래프입니다. 침엽수림의 넓이가 120 km²라면 혼합림의 넓이는 몇 km²인지 풀이 과정을 쓰고 답을 구하세요.

나무 종류별 산림의 넓이

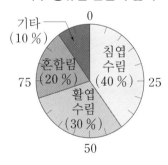

풀이

답 _____

스피드 정답표 12쪽, 정답 및 풀이 40쪽

[01~02] 학생들이 밭에서 수확한 채소를 조사하여 나타낸 띠그래프입니다. 물음에 답하세요.

수확한 채소별 학생 수

0 10 20 30 40 50 60 70 80 90 100(%)

무 (25 %)	감자 (40 %)	배추 (25 %)	당근 (10 %)

01 배추를 수확한 학생 수는 전체의 몇 % 일까요?

( )

02 감자를 수확한 학생 수는 당근을 수확한 학생 수의 몇 배일까요?

( )

[03~04] 수현이가 한 달에 쓴 용돈의 쓰임새를 나타낸 띠그래프입니다. 물음에 답하세요.

용돈의 쓰임새별 금액

0 10 20 30 40 50 60 70 80 90 100(%)

학용품 (30 %)	저축 (40 %)	군것질 (25 %)	기타 (5 %)

03 가장 많은 용돈을 사용한 것은 무엇일까요?

( )

04 학용품에 사용한 금액은 군것질에 사용한 금액의 몇 배일까요?

( )

[05~06] 어느 고장의 마을별 가구 수를 조사하여 나타낸 원그래프입니다. 물음에 답하세요.

마을별 가구 수

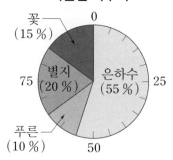

05 꽃 마을의 가구 수는 전체의 몇 % 일까요?

( )

06 가구 수가 많은 마을부터 차례로 쓰세요.

( )

07 마을별 학생 수를 조사하여 나타낸 표입니다. 표를 보고 그림그래프로 나타내어 보세요.

마을별 학생 수

마을	가	나	다	합계
학생 수(명)	250	300	170	720

마을별 학생 수

마을	학생 수
가	☺☺☺☺☺☺☺
나	
다	

☺ 100명
☺ 10명

08 정원이네 반 학생들이 좋아하는 동물을 조사하여 나타낸 띠그래프입니다. 잘못 말한 학생의 이름을 쓰세요.

좋아하는 동물별 학생 수

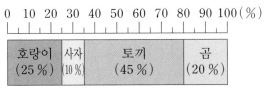

( )

[09~11] 오른쪽은 영훈이네 학교의 어린이 회장 선거에서 후보의 득표 수를 조사하여 나타낸 원그래프입니다. 물음에 답하세요.

각 후보별 득표 수

09 득표 수가 가장 많은 사람을 회장으로 뽑는다고 할 때 회장은 누가 될까요?

( )

10 민우의 득표 수는 정희의 득표 수의 몇 배일까요?

( )

11 투표한 학생이 500명이라면 영훈이가 받은 표는 몇 표인지 식을 쓰고 답을 구하세요.

식

답

[12~14] 재용이네 집에서 기르는 가축을 조사하여 나타낸 띠그래프입니다. 물음에 답하세요.

집에서 기르는 가축별 수

12 돼지는 전체 가축의 몇 %일까요?

( )

13 위의 띠그래프를 보고 원그래프로 나타내어 보세요.

집에서 기르는 가축별 수

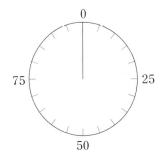

14 염소가 24마리라면 개는 몇 마리일까요?

( )

15 오른쪽은 주영이네 반 학생 20명의 성씨를 조사하여 나타낸 원그래프입니다. 바르게 설명한 것은 어느 것일까요? ···· (   )

성씨별 학생 수

① 가장 많은 학생들의 성씨는 이씨입니다.

② 성이 김씨인 학생은 박씨인 학생의 3배입니다.

③ 성이 박씨인 학생은 4명입니다.

④ 성이 김씨이거나 박씨인 학생은 15명이 넘습니다.

⑤ 성이 박씨이거나 이씨인 학생은 전체의 50 %가 넘습니다.

[16~17] 규민이네 반 학생들이 좋아하는 과목을 조사하여 나타낸 표입니다. 물음에 답하세요.

좋아하는 과목별 학생 수

과목	국어	수학	사회	과학	합계
백분율(%)	10	15	30	45	100

16 과학을 좋아하는 학생 수는 수학을 좋아하는 학생 수의 몇 배일까요?

(   )

17 위의 표를 보고 띠그래프로 나타내어 보세요.

좋아하는 과목별 학생 수

```
0  10  20  30  40  50  60  70  80  90  100(%)
|——|——|——|——|——|——|——|——|——|——|
```

18 오른쪽은 어느 과수원의 나무별 땅의 넓이를 조사하여 나타낸 원그래프입니다. 과수원의 넓이가 $500 \, m^2$일 때, 사과가 차지하는 땅의 넓이는 몇 m^2일까요?

나무별 땅의 넓이

(   )

[19~20] 소윤이네 반 학생들의 장래 희망을 조사하여 나타낸 원그래프입니다. 물음에 답하세요.

장래 희망별 학생 수

19 장래 희망이 운동 선수인 학생 수가 선생님인 학생 수의 2배입니다. 장래 희망이 선생님인 학생 수는 전체의 몇 %일까요?

(   )

서술형

20 소윤이네 반 학생이 40명일 때, 장래 희망이 연예인인 학생은 선생님인 학생보다 몇 명 더 많은지 풀이 과정을 쓰고 답을 구하세요.

풀이

답 _____

[01~02] 지역별 사과 생산량을 조사하여 나타낸 그림그래프입니다. 물음에 답하세요.

지역별 사과 생산량

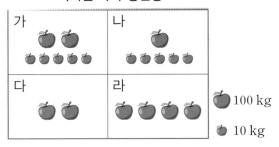

01 표를 완성해 보세요.

지역별 사과 생산량

지역	가	나	다	라	합계
사과 생산량(kg)	250		200		1000

02 나 마을의 사과 생산량은 몇 % 일까요?

(   )

[03~04] 민희네 학교 학생 400명이 한 달 동안 읽은 책을 조사하여 나타낸 띠그래프입니다. 물음에 답하세요.

한 달 동안 읽은 권 수별 학생 수

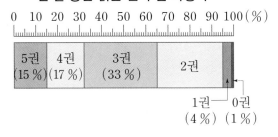

03 한 달 동안 5권을 읽은 학생 수는 전체의 몇 % 일까요?

(   )

04 한 달 동안 책을 2권 이하로 읽은 학생 수는 전체의 몇 % 일까요?

(   )

[05~07] 어느 식물원에 있는 꽃을 조사하여 나타낸 표입니다. 물음에 답하세요.

식물원에 있는 꽃별 수

종류	장미	국화	튤립	나팔꽃	합계
꽃 수(송이)	320	200	120	160	800
백분율(%)					

05 꽃의 종류별로 백분율을 구하여 위의 표를 완성하세요.

06 위의 표를 보고 원그래프로 나타내었을 때, 가장 넓은 부분을 차지하는 꽃은 무엇일까요?

(   )

07 위의 표를 보고 원그래프로 나타내어 보세요.

식물원에 있는 꽃별 수

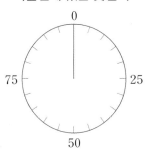

[08~09] 오른쪽은 어느 음식점의 하루 동안 음식별 판매량을 조사하여 나타낸 원그래프입니다. 물음에 답하세요.

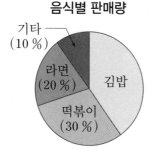

음식별 판매량

기타 (10 %)
라면 (20 %)
떡볶이 (30 %)
김밥

08 가장 많이 팔린 음식은 무엇일까요?

( )

09 김밥이 200인분 팔렸을 때, 라면은 몇 인분 팔렸을까요?

( )

[10~11] ㉮ 항공사와 ㉯ 항공사의 하루 동안 비행기 탑승객 수를 조사하여 나타낸 띠그래프입니다. 물음에 답하세요.

㉮ 항공사의 탑승객 수

| 남자 어른 (30 %) | 여자 어른 (25 %) | 남자 어린이 (35 %) | |

여자 어린이 (10 %)

㉯ 항공사의 탑승객 수

| 남자 어른 (35 %) | 여자 어른 (40 %) | 여자 어린이 (15 %) |

남자 어린이 (10 %)

10 탑승객 중에서 남자의 비율이 더 높은 항공사는 어디일까요?

( )

11 ㉮ 항공사의 어린이 탑승객 수는 ㉯ 항공사의 어린이 탑승객 수의 몇 배일까요?

( )

[12~14] 어느 고장의 학생 2500명을 학교별로 조사하여 나타낸 그래프입니다. 물음에 답하세요.

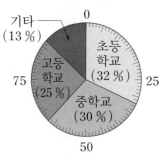

학교별 학생 수

기타 (13 %)
0
초등학교 (32 %)
25
고등학교 (25 %)
중학교 (30 %)
75
50

중학교의 학생 수

0 10 20 30 40 50 60 70 80 90 100 (%)

| 남학생 | 여학생 (38 %) |

12 중학생은 몇 명일까요?

( )

13 중학교에 다니는 여학생은 몇 명인지 식을 쓰고 답을 구하세요.

식 _____

답 _____

서술형
14 중학교에 다니는 남학생은 전체 학생의 몇 %인지 풀이 과정을 쓰고 답을 소수로 구하세요.

풀이

답 _____

[15~16] 시은이네 학교 도서관에 있는 책을 조사하여 나타낸 표입니다. 물음에 답하세요.

종류별 책 수

종류	동화책	과학책	위인전	기타	합계
책 수(권)	500	240	160	100	1000
백분율(%)					

15 책의 종류별 백분율을 구하여 위의 표를 완성하세요.

16 위의 표를 보고 띠그래프로 나타내어 보세요.

종류별 책 수

0 10 20 30 40 50 60 70 80 90 100(%)

17 초등학교 6학년 학생 260명의 혈액형을 조사하여 나타낸 원그래프입니다. 표의 빈칸에 알맞은 수를 써넣으세요.

혈액형별 학생 수

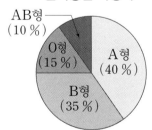

AB형
(10%)
O형
(15%)
A형
(40%)
B형
(35%)

혈액형별 학생 수

혈액형	A형	B형	O형	AB형	합계
학생 수(명)					260

[18~20] 오른쪽은 어느 마을의 토지별 넓이를 조사하여 나타낸 원그래프입니다. 산의 넓이는 밭의 넓이의 2배이고 토지 전체의 넓이가 600 m²일 때, 물음에 답하세요.

토지별 넓이

과수원
(10%)
밭
논
(20%)
산
주택지
(25%)

18 산이 차지하는 넓이는 전체의 몇 %일까요?

(   )

19 산이 차지하는 넓이는 몇 m²일까요?

(   )

서술형

20 논과 밭의 넓이의 합은 주택지의 넓이보다 몇 m² 더 넓은지 풀이 과정을 쓰고 답을 구하세요.

풀이

답 _____

스피드 정답표 13쪽, 정답 및 풀이 42쪽

01 승아네 반 학생들이 태어난 계절을 조사하여 나타낸 띠그래프입니다. 가을에 태어난 학생 수는 봄에 태어난 학생 수의 몇 배인지 구하세요.

계절별 태어난 학생 수

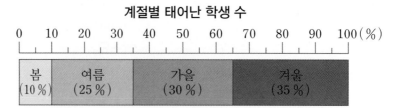

❶ 가을에 태어난 학생과 봄에 태어난 학생은 각각 몇 % 일까요?

가을 (   ), 봄 (   )

❷ 가을에 태어난 학생 수는 봄에 태어난 학생 수의 몇 배일까요?

(   )

02 사랑이네 반 학생들이 좋아하는 과목을 조사하여 나타낸 원그래프입니다. 그래프를 보고 <u>잘못</u> 설명한 것을 찾아 기호를 쓰세요.

좋아하는 과목별 학생 수

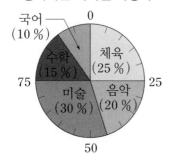

㉠ 가장 많은 학생이 좋아하는 과목은 미술입니다.
㉡ 가장 적은 학생이 좋아하는 과목은 국어입니다.
㉢ 미술을 좋아하는 학생 수는 국어를 좋아하는 학생 수의 2배입니다.

❶ 가장 많은 학생이 좋아하는 과목과 가장 적은 학생이 좋아하는 과목을 차례로 쓰세요.

(   ), (   )

❷ 미술을 좋아하는 학생 수는 국어를 좋아하는 학생 수의 몇 배일까요?

(   )

❸ ㉠, ㉡, ㉢ 중 잘못 설명한 것을 찾아 기호를 쓰세요.

(   )

03 꺾은선그래프로 나타내면 더 좋은 것은 무엇인지 기호를 쓰세요.

> ㉠ 민재네 반 학생들이 좋아하는 과일
> ㉡ 운동장의 온도 변화
> ㉢ 예진이네 반 친구들의 시험 점수

❶ ㉠, ㉡, ㉢에 알맞은 그래프를 각각 쓰세요.

㉠ (   ), ㉡ (   ), ㉢ (   )

❷ 꺾은선그래프로 나타내면 더 좋은 것은 무엇인지 기호를 쓰세요.

(   )

04 어느 마을의 2016년부터 2018년까지 심은 나무 수와 꽃의 수의 변화를 나타낸 띠그래프입니다. 그래프를 보고 나무와 꽃의 수가 어떻게 변하고 있는지 설명하세요.

나무와 꽃의 수의 변화

	나무	꽃
2016년	나무 (40 %)	꽃 (60 %)
2017년	나무 (45 %)	꽃 (55 %)
2018년	나무 (53 %)	꽃 (47 %)

❶ 나무의 수는 어떻게 변하고 있을까요?

❷ 꽃의 수는 어떻게 변하고 있을까요?

풀이 과정을 직접 쓰는

서술형평가 단원 5

여러 가지 그래프

점수

스피드 정답표 13쪽, 정답 및 풀이 42쪽

01 태영이는 에너지 공단 홈페이지에서 다음과 같은 원그래프를 보았습니다. 원그래프에서 수력 에너지 공급량은 태양광 에너지 공급량의 약 몇 배인지 풀이 과정을 쓰고 답을 구하세요. (단, 소수 첫째 자리까지 나타내어 보세요.)

🔍 **어떻게 풀까요?**

· ■는 ▲의 몇 배인지 알아보기
  ⇨ ■ ÷ ▲

· ▲는 ■의 몇 배인지 알아보기
  ⇨ ▲ ÷ ■

신 · 재생 에너지 공급량

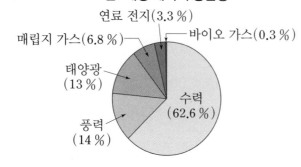

연료 전지(3.3 %)
매립지 가스(6.8 %)
바이오 가스(0.3 %)
태양광 (13 %)
수력 (62.6 %)
풍력 (14 %)

풀이

답

02 지윤이네 반 학생들이 좋아하는 색깔을 조사하여 나타낸 띠그래프입니다. 그래프를 보고 잘못 말한 친구를 찾아 이름을 쓰고 이유를 써 보세요.

🔍 **어떻게 풀까요?**

· 띠그래프에서 항목이 차지하는 부분이 길수록 비율이 높습니다.

좋아하는 색깔별 학생 수

0 10 20 30 40 50 60 70 80 90 100(%)

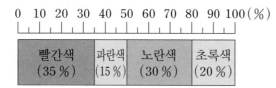

| 빨간색 (35 %) | 파란색 (15 %) | 노란색 (30 %) | 초록색 (20 %) |

성규: 가장 많은 학생이 좋아하는 색은 빨간색이야.

지수: 가장 적은 학생이 좋아하는 색은 초록색이네.

동현: 노란색을 좋아하는 학생 수는 파란색을 좋아하는 학생 수의 2배야.

( )

이유

03 친구들이 여러 가지 자료를 조사한 것을 그래프로 나타내려고 합니다. 띠그래프 또는 원그래프로 나타내면 더 좋은 것은 무엇인지 풀이 과정을 쓰고 답을 구하세요.

> ㉠ 하루 동안 시간별 온도 변화
> ㉡ 우리 반 학생들이 좋아하는 운동
> ㉢ 월별 나의 키의 변화

풀이

답 _____

🔍 어떻게 풀까요?

• 띠그래프와 원그래프는 전체에 대한 각 부분의 비율을 나타낸 그래프입니다.

04 어느 도시의 2014년부터 2017년까지 학교별 학생 수의 변화를 나타낸 띠그래프입니다. 그래프를 보고 학교별 학생 수가 어떻게 변하고 있는지 설명하세요.

학교별 학생 수의 변화

	초등학생	중학생	고등학생
2014년	45 %	27 %	28 %
2015년	43 %	28 %	29 %
2016년	42.2 %	28.8 %	29 %
2017년	40.5 %	29.3 %	30.2 %

설명 _____

_____

🔍 어떻게 풀까요?

• 초등학생, 중학생, 고등학생으로 나누어 학생 수의 변화를 생각해 봅니다.

5

여러 가지 그래프

스피드 정답표 13쪽, 정답 및 풀이 43쪽

01 좋아하는 과목별 학생 수를 조사하여 나타낸 띠그래프입니다. 가장 높은 비율을 차지하는 항목은 무엇일까요?

좋아하는 과목별 학생 수

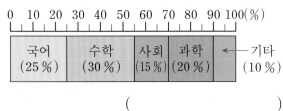

(   )

02 재원이네 반 친구들이 좋아하는 동물을 그래프로 나타내려고 할 때 가장 알맞지 않은 그래프를 찾아 기호를 쓰세요.

㉠ 막대그래프   ㉡ 꺾은선그래프
㉢ 띠그래프   ㉣ 원그래프

(   )

03 종희네 반 회장 선거에서 후보자별 득표율을 조사하여 나타낸 원그래프입니다. 지영이의 득표율은 연재의 득표율의 몇 배인지 구하세요.

후보자별 득표율

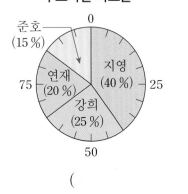

(   )

04 명아네 학교 학생들이 태어난 계절을 조사하여 나타낸 띠그래프입니다. 봄에 태어난 학생이 60명이라면 여름에 태어난 학생은 몇 명인지 구하세요.

태어난 계절별 학생 수

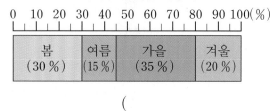

(   )

05 도훈이네 학교 학생들이 좋아하는 음식을 조사하여 나타낸 원그래프입니다. 조사한 전체 학생 수가 300명이라면 불고기를 좋아하는 학생은 몇 명인지 구하세요.

좋아하는 음식별 학생 수

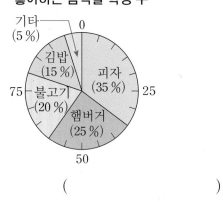

(   )

CONTENTS

6

직육면체의
부피와 겉넓이

직육면체의 부피와 겉넓이

개념① 직육면체의 부피 비교

● 부피를 비교하는 방법

① 두 직육면체의 밑면의 넓이가 같으면 높이가 더 높은 직육면체의 부피가 더 큽니다.

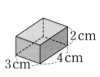

가의 부피 ❶ ◯ 나의 부피

② 두 직육면체의 높이가 같으면 밑면의 넓이가 더 넓은 직육면체의 부피가 더 큽니다.

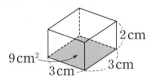

가의 부피 ❷ ◯ 나의 부피

개념② 직육면체의 부피 구하는 방법

● 부피의 단위 $1\,cm^3$

한 모서리의 길이가 $1\,cm$인 정육면체의 부피

  쓰기 $1\,cm^3$

읽기 1 세제곱센티미터

● 직육면체의 부피 구하기

> (직육면체의 부피)
> =(가로)×(세로)×(높이)
> =(밑면의 넓이)×(❸ □)

> (정육면체의 부피)
> =(한 모서리의 길이)×(한 모서리의 길이)
> ×(한 모서리의 길이)

개념③ m^3 알아보기

● 부피의 단위 $1\,m^3$

한 모서리의 길이가 $1\,m$인 정육면체의 부피

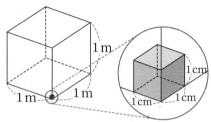

쓰기 $1\,m^3$ 읽기 1 세제곱미터

> $1\,m^3 = 1000000\,cm^3$

개념④ 직육면체의 겉넓이 구하는 방법

● 직육면체의 겉넓이 구하기

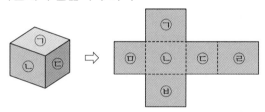

방법1 여섯 면의 넓이를 각각 구해 모두 더합니다.
(겉넓이)=㉠+㉡+㉢+㉣+㉤+㉥

방법2 합동인 면이 3쌍이므로 세 면의 넓이
(㉠, ㉡, ㉢)의 합을 구한 뒤 2배 합니다.
(겉넓이)=(㉠+㉡+㉢)×2

방법3 두 밑면의 넓이와 옆면의 넓이를 더합니다.
(겉넓이)=㉠×2+(㉤, ㉡, ㉢, ㉣)

> (직육면체의 겉넓이)
> =(한 밑면의 넓이)×2+(옆면의 넓이)

● 정육면체의 겉넓이 구하기 → 한 면의 넓이를 6배 합니다.

> (정육면체의 겉넓이)
> =(한 모서리의 길이)×(한 모서리의 길이)× ❹ □

| 정답 | ❶ < ❷ > ❸ 높이 ❹ 6

[01~02] 어느 상자의 부피가 더 큰지 기호를 쓰세요.

01
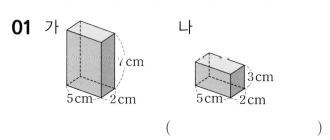

(　　　　　)

02
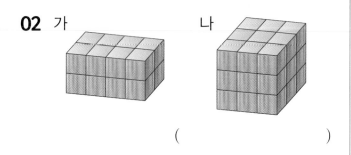

(　　　　　)

03 ☐ 안에 알맞게 써넣으세요.

한 모서리의 길이가 1 cm인 정육면체의
부피를 ☐ 라 쓰고 ☐
라고 읽습니다.

[04~05] 부피가 1 cm³인 쌓기나무로 직육면체를
만들었습니다. 직육면체의 부피를 구하세요.

04
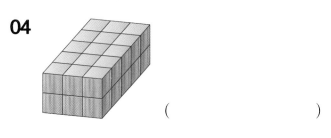

(　　　　　)

05
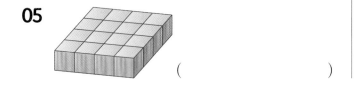

(　　　　　)

[06~07] 직육면체와 정육면체의 부피를 구하려고
합니다. ☐ 안에 알맞은 수를 써넣으세요.

06
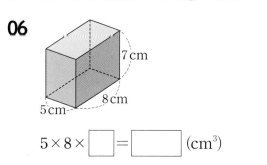

$5 \times 8 \times \boxed{} = \boxed{}$ (cm³)

07
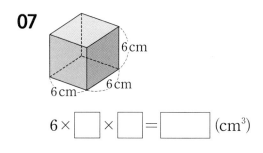

$6 \times \boxed{} \times \boxed{} = \boxed{}$ (cm³)

[08~10] 직육면체와 정육면체의 부피는 몇 cm³인
지 구하세요.

08
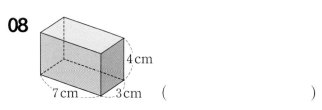

(　　　　　)

09
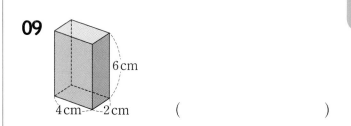

(　　　　　)

10
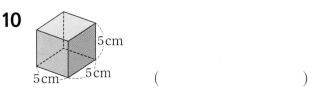

(　　　　　)

01 □ 안에 알맞게 써넣으세요.

> 한 모서리의 길이가 1 m인 정육면체의
> 부피를 [   ]라 쓰고 [   ]라
> 고 읽습니다.

[02~03] □ 안에 알맞은 수를 써넣으세요.

02 $2 \, \text{m}^3 =$ [   ] cm^3

03 $4000000 \, \text{cm}^3 =$ [   ] m^3

[04~05] 직육면체의 부피를 구하여 cm^3와 m^3로 각각 나타내어 보세요.

04

200 cm
400 cm
500 cm

(   ) cm^3
(   ) m^3

05

6 m
6 m
6 m

(   ) cm^3
(   ) m^3

[06~07] 직육면체와 정육면체의 겉넓이를 구하려고 합니다. □ 안에 알맞은 수를 써넣으세요.

06

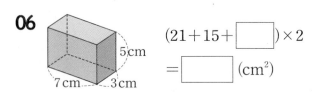

5 cm
7 cm
3 cm

$(21 + 15 + $ [   ] $) \times 2$
$=$ [   ] (cm^2)

07

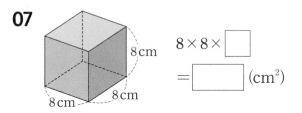

8 cm
8 cm
8 cm

$8 \times 8 \times$ [   ]
$=$ [   ] (cm^2)

[08~09] 직육면체와 정육면체의 겉넓이는 몇 cm^2인지 구하세요.

08

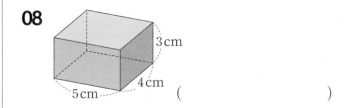

3 cm
4 cm
5 cm

(   )

09

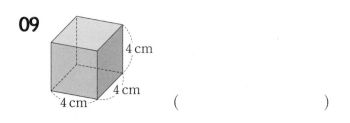

4 cm
4 cm
4 cm

(   )

10 전개도를 접어서 만든 직육면체의 겉넓이는 몇 cm^2일까요?

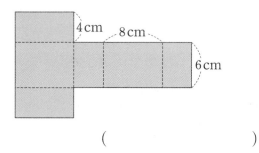

4 cm   8 cm
6 cm

(   )

01 직육면체의 부피를 구하려고 합니다. □ 안에 알맞은 수를 써넣으세요.

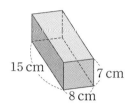

(직육면체의 부피)

= (가로) × (세로) × (높이)

= $8 \times 15 \times$ □

= □ (cm³)

02 여섯 면의 넓이를 이용하여 직육면체의 겉넓이를 구하려고 합니다. □ 안에 알맞은 수를 써넣으세요.

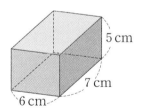

(직육면체의 겉넓이)

= (여섯 면의 넓이의 합)

= $6 \times 7 + 6 \times$ □ $+ 7 \times 5 + 7 \times$ □

$+ 6 \times 5 + 6 \times 5$

= □ (cm²)

[03~04] 오른쪽 정육면체를 보고 물음에 답하세요.

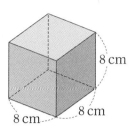

03 정육면체의 한 면의 넓이는 몇 cm²일까요?

(   )

04 정육면체의 겉넓이는 몇 cm²일까요?

(   )

05 정육면체의 부피를 구하려고 합니다. □ 안에 알맞은 수를 써넣으세요.

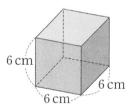

(정육면체의 부피)

= (한 모서리의 길이) × (한 모서리의 길이)

× (한 모서리의 길이)

= □ × □ × □ = □ (cm³)

06 오른쪽 정육면체를 보고 □ 안에 알맞게 써넣으세요.

한 모서리의 길이가 1 m인 정육면체의 부피를 □ m³라 하고 □ 라고 읽습니다.

07 직육면체의 전개도를 이용하여 직육면체의 겉넓이를 구하려고 합니다. ☐ 안에 알맞은 수를 써넣으세요.

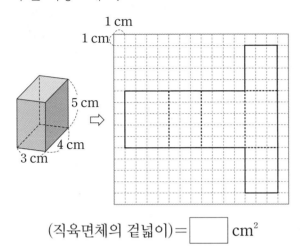

(직육면체의 겉넓이)=☐ cm²

[08~09] 직육면체와 정육면체의 겉넓이는 몇 cm² 인지 구하세요.

08

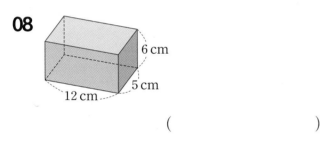

( )

09

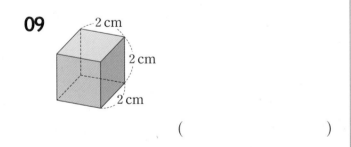

( )

10 ☐ 안에 알맞은 수를 써넣으세요.

3 m³=☐ cm³

11 크기가 같은 나무토막을 이용하여 직육면체 모양의 상자의 부피를 비교하려고 합니다. 영수와 민우 중에서 부피가 더 큰 상자를 가지고 있는 사람의 이름을 쓰세요.

( )

12 한 개의 부피가 1 cm³인 쌓기나무를 쌓아 직육면체를 만들었습니다. ☐ 안에 알맞은 수를 써넣으세요.

사용된 쌓기나무: ☐ 개

부피: ☐ cm³

[13~14] 직육면체와 정육면체의 부피는 몇 cm³인지 구하세요.

13

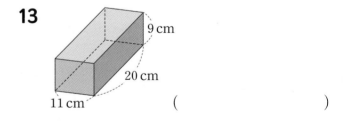

( )

14

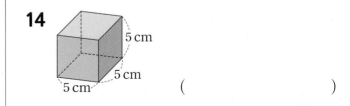

( )

15 수족관의 부피를 구하려고 합니다. □ 안에 알맞은 수를 써넣으세요.

대공원에 큰 수족관이 생긴대.

크기가 얼마나 되는데요?

가로가 8 m, 세로가 4 m, 높이가 3 m인 직육면체 모양이래.

우와~ 엄청 큰 수족관이네요.

(수족관의 부피)= ☐ m³

(수족관의 부피)= ☐ cm³

16 가로가 8 cm, 세로가 7 cm, 높이가 9 cm인 직육면체의 겉넓이는 몇 cm²일까요?

( )

17 정육면체의 전개도입니다. 전개도를 접어 만들 수 있는 정육면체의 겉넓이와 부피를 각각 구하세요.

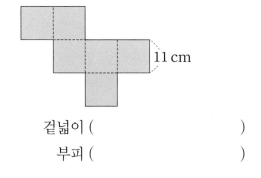

11 cm

겉넓이 ( )

부피 ( )

18 두 직육면체 가와 나가 있습니다. 가의 부피는 나의 부피의 몇 배일까요?

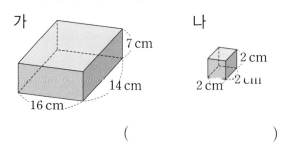

가
7 cm
14 cm
16 cm

나
2 cm
2 cm
2 cm

( )

19 한 모서리의 길이가 3 cm인 정육면체가 있습니다. 이 정육면체의 각 모서리의 길이를 2배로 늘리면 늘린 정육면체의 부피는 처음 정육면체 부피의 몇 배가 될까요?

( )

20 겉넓이가 486 cm²인 정육면체가 있습니다. 이 정육면체의 부피는 몇 cm³일까요?

( )

단원 **단원평가 2회** 직육면체의 부피와 겉넓이 점수

스피드 정답표 14쪽, 정답 및 풀이 44쪽

01 가와 나 상자 안에 비누를 담아 부피를 비교하려고 합니다. 어느 상자의 부피가 더 클까요?

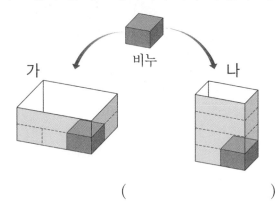

( )

[02~03] ☐ 안에 알맞은 수를 써넣으세요.

02

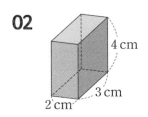

(직육면체의 겉넓이)

= (여섯 면의 넓이의 합)

$= 2 \times 3 + 2 \times 3 + 3 \times 4 + 3 \times \boxed{}$

$+ 2 \times 4 + 2 \times \boxed{}$

$= \boxed{}$ (cm²)

03

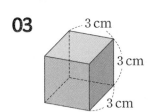

(정육면체의 겉넓이)

= (한 면의 넓이) × 6

$= 3 \times \boxed{} \times \boxed{}$

$= \boxed{}$ (cm²)

04 ☐ 안에 알맞은 수나 말을 써넣으세요.

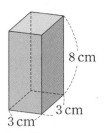

(직육면체의 부피)

= (가로) × (세로) × (☐)

$= 3 \times 3 \times \boxed{} = \boxed{}$ (cm³)

[05~06] 대화를 보고 물음에 답하세요.

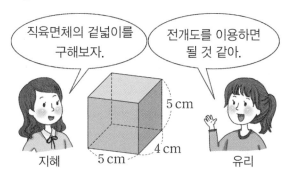

직육면체의 겉넓이를 구해보자. 전개도를 이용하면 될 것 같아.

지혜 유리

05 직육면체의 전개도를 그려 보세요.

1 cm
1 cm

06 직육면체의 겉넓이는 몇 cm²일까요?

( )

07 쌓기나무 한 개의 부피가 1 cm³일 때, 쌓은 쌓기나무의 개수와 직육면체의 부피를 구하세요.

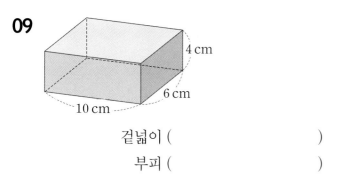

쌓기나무의 개수 (   )

부피 (   )

08 □ 안에 알맞은 수를 써넣으세요.

$$120000 \text{ cm}^3 = \boxed{} \text{ m}^3$$

[09~10] 직육면체와 정육면체의 겉넓이와 부피를 각각 구하세요.

09

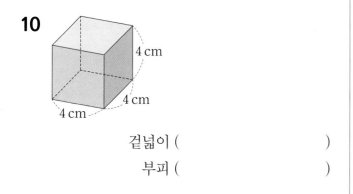

겉넓이 (   )

부피 (   )

10

4 cm
4 cm
4 cm

겉넓이 (   )

부피 (   )

11 오른쪽 직육면체의 부피를 구하려고 합니다. □ 안에 알맞은 수를 써넣으세요.

(직육면체의 부피)

$= \boxed{} \text{ m}^3$

$= \boxed{} \text{ cm}^3$

12 정민이가 사려고 하는 직육면체 모양의 선물 상자의 부피는 몇 cm³일까요?

아저씨, 가로가 10 cm, 세로가 8 cm, 높이가 12 cm 인 선물 상자 주세요.

여기 있다.

정민

(   )

13 한 면의 넓이가 64 cm²인 정육면체의 겉넓이는 몇 cm²일까요?

(   )

[14~15] 직육면체 ㉮와 ㉯를 보고 물음에 답하세요.

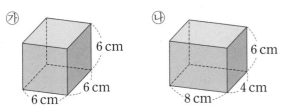

14 겉넓이가 더 넓은 직육면체의 기호를 쓰세요.

( )

15 부피가 더 큰 직육면체의 기호를 쓰세요.

( )

16 직육면체의 부피는 몇 m³일까요?

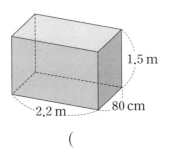

( )

17 부피가 큰 것부터 차례로 기호를 쓰세요.

㉠ 45000 cm³	㉡ 6000000 cm³
㉢ 5 m³	㉣ 0.3 m³

( )

18 한 밑면의 둘레가 32 cm인 정육면체의 부피는 몇 cm³일까요?

( )

19 부피가 792 m³인 직육면체의 높이가 11 m일 때, 이 직육면체의 색칠한 면의 넓이는 몇 m²일까요?

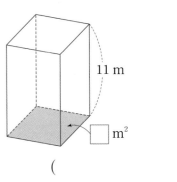

( )

20 정육면체의 전개도입니다. 전개도를 접어 만들 수 있는 정육면체의 겉넓이는 몇 cm²일까요?

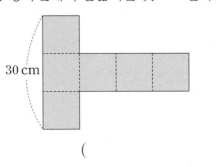

( )

[01~02] 가와 나 상자 안에 담을 수 있는 쌓기나무의 수를 이용하여 가와 나 상자의 크기를 비교하려고 합니다. 물음에 답하세요.

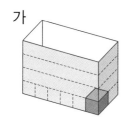 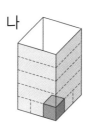

가 나

01 가와 나 상자 안에 담을 수 있는 쌓기나무는 각각 몇 개인지 구하세요.

가 (   )

나 (   )

02 가와 나 중 어느 것의 부피가 더 클까요?

(   )

03 오른쪽 직육면체의 겉넓이를 구하는 식으로 옳은 것은 어느 것일까요?
····················· (   )

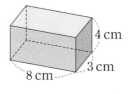

4 cm
3 cm
8 cm

① 8×3×4
② 8×3×6
③ 8×3+8×4+8×3+3×8
④ (8×4+3×4+8×3)×2
⑤ (8+3+4)×6

04 직육면체의 겉넓이는 몇 cm²일까요?

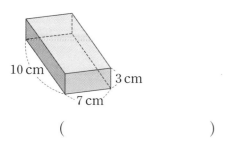

10 cm
3 cm
7 cm

(   )

05 오른쪽 정육면체를 보고 □ 안에 알맞은 수를 써넣으세요.

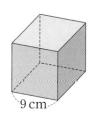

9 cm

정수: 정육면체는 □ 개의 합동인 정사각형으로 이루어져 있지.

지수: 한 면의 넓이가 □ × □ = □ (cm²)이므로

정육면체의 겉넓이는

□ × □ = □ (cm²)

가 되지. → (한 면의 넓이)×6

06 정육면체의 겉넓이는 몇 cm²일까요?

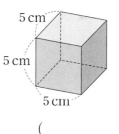

5 cm
5 cm
5 cm

(   )

07 한 개의 부피가 1 cm³인 쌓기나무를 쌓아 직육면체를 만들었습니다. 직육면체의 부피는 몇 cm³일까요?

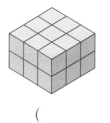

(   )

08 직육면체의 부피는 몇 cm³일까요?

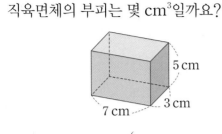

(   )

09 우진이가 산 주사위의 부피는 몇 cm³일까요?

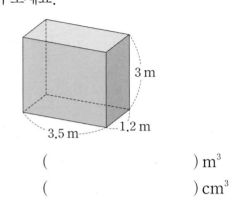

(   )

10 두 정육면체의 부피를 비교하여 ○ 안에 >, =, <를 알맞게 써넣으세요.

11 □ 안에 알맞은 수를 써넣으세요.

$$4700000 \text{ cm}^3 = \boxed{} \text{ m}^3$$

12 직육면체의 부피를 m³와 cm³ 단위로 각각 나타내어 보세요.

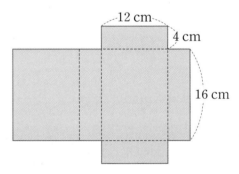

(   ) m³
(   ) cm³

[13~14] 다음과 같은 전개도를 점선을 따라 접어 직육면체 모양의 상자를 만들었습니다. 물음에 답하세요.

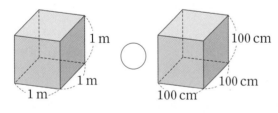

13 만든 상자의 겉넓이는 몇 cm²일까요?

(   )

14 만든 상자의 부피는 몇 cm³일까요?

(   )

15 가장 큰 부피와 가장 작은 부피의 차는 몇 m³
일까요?

> 6000000 cm³, 5 m³, 4900000 cm³

(   )

16 부피가 192 cm³인 직육면체입니다. □ 안에
알맞은 수를 써넣으세요.

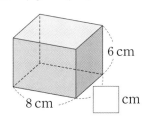

서술형

17 그림과 같은 직육면체를 잘라서 가장 큰 정육
면체 1개를 만들었습니다. 만든 정육면체의
부피는 몇 cm³인지 풀이 과정을 쓰고 답을
구하세요.

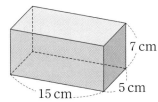

풀이

답 _____

18 한 모서리의 길이가 3 cm인 정육면체 모양
의 주사위 8개를 쌓아 정육면체를 만들었습
니다. 만든 정육면체의 부피는 몇 cm³일까요?

(   )

19 위 **18**에서 만든 정육면체의 겉넓이는 몇 cm²
일까요?

(   )

20 그림과 같은 직육면체의 전개도를 접어 만든
상자를 한 변의 길이가 20 cm인 정사각형 모
양의 색종이로 포장하려고 합니다. 색종이는
적어도 몇 장이 필요할까요?

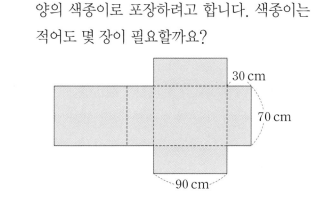

(   )

A B난이도 C

스피드 정답표 14쪽, 정답 및 풀이 45쪽

01 한 모서리의 길이가 1 cm인 정육면체의 부피를 쓰고 읽어 보세요.

쓰기 (   )

읽기 (   )

02 오른쪽 직육면체를 보고 □ 안에 알맞은 수를 써넣으세요.

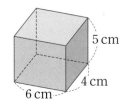

(직육면체의 겉넓이)= ☐ cm²

03 오른쪽 정육면체를 보고 빈칸에 알맞은 수를 써넣으세요.

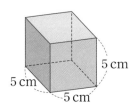

한 면의 넓이(cm²)	겉넓이(cm²)

04 쌓기나무 1개의 부피가 1 cm³일 때, 쌓은 쌓기나무의 개수와 부피를 각각 구하세요.

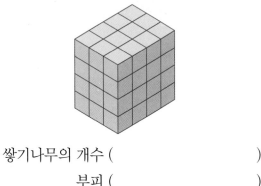

쌓기나무의 개수 (   )

부피 (   )

05 □ 안에 알맞은 수를 써넣으세요.

1700000 cm³ = ☐ m³

06 승은이는 상자에 정육면체 모양의 각설탕을 가득 담으려고 합니다. 넣을 수 있는 각설탕은 모두 몇 개일까요?

한 개의 부피가 1 cm³인 각설탕을 몇 개까지 넣을 수 있을까?

승은

(   )

07 모든 모서리의 길이가 1 cm인 쌓기나무를 쌓아 만든 직육면체입니다. 부피가 더 큰 직육면체의 기호를 쓰세요.

가   나

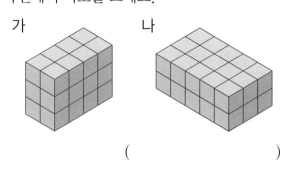

(   )

[08~09] 직육면체와 정육면체의 부피는 몇 cm³인지 구하세요.

08

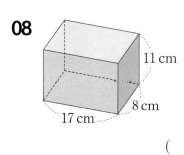

11 cm
8 cm
17 cm

(   )

09

7 cm
7 cm
7 cm

(   )

[10~11] 직육면체의 전개도를 보고 물음에 답하세요.

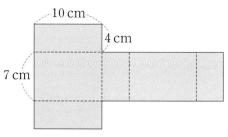

10 cm
4 cm
7 cm

10 직육면체의 겉넓이는 몇 cm²일까요?

(   )

11 직육면체의 부피는 몇 cm³일까요?

(   )

12 한 모서리의 길이가 9 cm인 정육면체의 부피는 몇 cm³일까요?

식 _____

답 _____

13 직육면체의 부피는 몇 m³일까요?

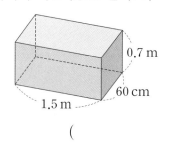

0.7 m
60 cm
1.5 m

(   )

14 직육면체와 정육면체의 겉넓이의 차는 몇 cm²일까요?

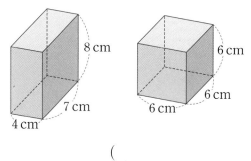

8 cm
7 cm
4 cm

6 cm
6 cm
6 cm

(   )

15 한 밑면의 넓이가 18 cm²이고, 높이가 3 cm 인 직육면체의 부피는 몇 cm³일까요?

(   )

16 다음과 같은 직사각형 모양의 종이를 각각 2장씩 사용하여 직육면체를 만들었습니다. 잘못 말한 사람의 이름을 쓰세요.

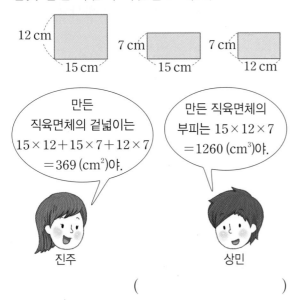

만든 직육면체의 겉넓이는 $15 \times 12 + 15 \times 7 + 12 \times 7$ $= 369 \, (cm^2)$야.

진주

만든 직육면체의 부피는 $15 \times 12 \times 7$ $= 1260 \, (cm^3)$야.

상민

(   )

17 한 모서리의 길이가 4 cm인 정육면체의 각 모서리의 길이를 모두 3배로 늘렸습니다. 늘린 정육면체의 겉넓이와 부피를 각각 구하세요.

겉넓이 (   )

부피 (   )

18 직육면체 가, 나, 다의 가로, 세로, 높이를 나타낸 표입니다. 부피가 큰 도형부터 차례로 기호를 쓰세요.

도형	가로(cm)	세로(cm)	높이(cm)
가	7	4	6
나	5	8	9
다	11	3	4

(   )

19 전개도를 점선을 따라 접어서 만든 직육면체의 겉넓이가 62 cm²일 때 □ 안에 알맞은 수를 써넣으세요.

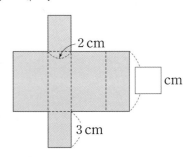

2 cm

cm

3 cm

서술형

20 오른쪽 직육면체의 부피가 72 cm³일 때 겉넓이는 몇 cm²인지 풀이 과정을 쓰고 답을 구하세요.

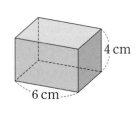

4 cm

6 cm

풀이

답 _____

01 상자 안에 담을 수 있는 쌓기나무의 개수를 이용하여 부피를 비교하려고 합니다. 어느 상자의 부피가 더 클까요?

가　　　　　나

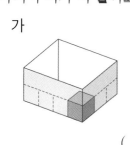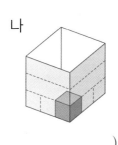

(　　　　　)

02 한 개의 부피가 1 cm³인 쌓기나무를 쌓아 직육면체를 만들었습니다. 직육면체의 부피는 몇 cm³일까요?

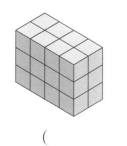

(　　　　　)

03 정육면체의 겉넓이는 몇 cm²일까요?

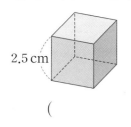

2.5 cm

(　　　　　)

04 직육면체의 부피는 몇 cm³일까요?

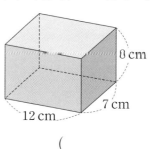

8 cm
7 cm
12 cm

(　　　　　)

05 직육면체의 전개도입니다. 직육면체의 겉넓이는 몇 cm²일까요?

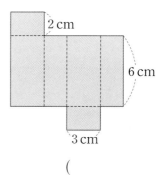

2 cm
6 cm
3 cm

(　　　　　)

06 한 모서리의 길이가 12 cm인 정육면체의 부피는 몇 cm³일까요?

(　　　　　)

07 부피를 비교하여 ○ 안에 >, =, <를 알맞게 써넣으세요.

6.4 m³ ○ 5900000 cm³

08 직육면체의 부피를 m³와 cm³ 단위로 나타내어 보세요.

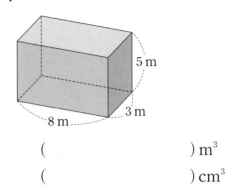

(   ) m³

(   ) cm³

[09~10] 다음과 같은 직육면체 모양의 상자가 있습니다. 물음에 답하세요.

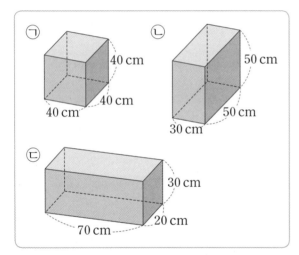

09 겉넓이가 가장 넓은 상자를 찾아 기호를 쓰세요.

(   )

10 부피가 가장 작은 상자의 부피는 몇 m³일까요?

(   )

11 부피가 512 cm³인 정육면체가 있습니다. 이 정육면체의 한 모서리의 길이는 몇 cm일까요?

(   )

12 오른쪽은 겉넓이가 122 cm²인 직육면체입니다. □ 안에 알맞은 수를 써넣으세요.

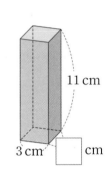

13 부피가 168 cm³인 직육면체입니다. □ 안에 알맞은 수를 써넣으세요.

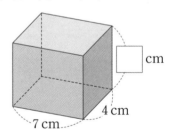

14 오른쪽 정육면체의 각 모서리의 길이를 3배로 늘린 정육면체의 부피는 처음 정육면체의 부피의 몇 배가 될까요?

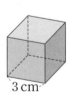

(   )

15 다음 직육면체를 잘라서 가장 큰 정육면체를 1개 만들었습니다. 만든 정육면체의 겉넓이는 몇 cm²가 될까요?

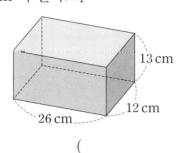

13 cm
12 cm
26 cm

(   )

16 그림과 같은 상자 안에 가로가 2 cm, 세로가 3 cm, 높이가 1 cm인 직육면체를 빈틈없이 채워 넣으려고 합니다. 직육면체는 모두 몇 개 필요할까요?

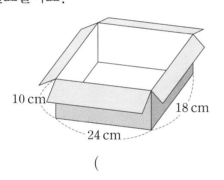

10 cm
18 cm
24 cm

(   )

서술형

17 오른쪽 직육면체와 겉넓이가 같은 정육면체의 한 모서리의 길이는 몇 cm인지 풀이 과정을 쓰고 답을 구하세요.

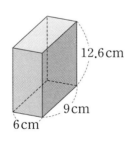

12.6 cm
9 cm
6 cm

풀이

18 진영이는 정육면체 모양의 블록을 그림과 같은 규칙에 따라 7층까지 쌓았습니다. 진영이가 만든 입체도형의 부피는 몇 cm³일까요?

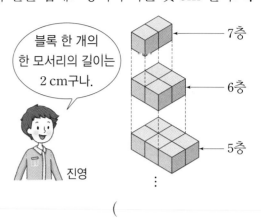

블록 한 개의 한 모서리의 길이는 2 cm구나.

진영

7층
6층
5층

(   )

19 입체도형의 겉넓이는 몇 m²일까요?

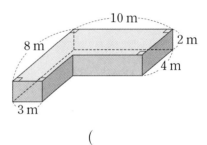

10 m
8 m
2 m
4 m
3 m

(   )

서술형

20 오른쪽과 같이 직육면체에 직육면체 모양의 구멍이 뚫려 있습니다. 이 입체도형의 부피는 몇 cm³인지 풀이 과정을 쓰고 답을 구하세요.

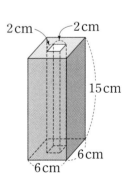

2 cm
2 cm
15 cm
6 cm
6 cm

풀이

답 _____

답 _____

6 직육면체의 부피와 겉넓이

01 크기가 같은 쌓기나무를 상자에 담아 상자의 부피를 비교하려고 합니다. 부피가 가장 작은 상자는 어느 상자인지 구하세요.

가 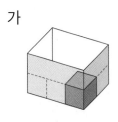   나 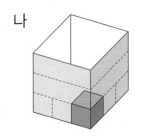   다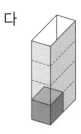

❶ 가, 나, 다 상자에 쌓기나무가 각각 몇 개씩 들어갈까요?

가 (   ), 나 (   ), 다 (   )

❷ 부피가 가장 작은 상자를 구하세요.

(   )

02 직육면체의 부피는 몇 m³인지 구하세요.

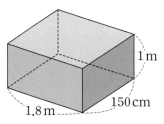

❶ 150 cm는 몇 m인지 소수로 나타내어 보세요.

(   )

❷ 직육면체의 부피는 몇 m³일까요?

(   )

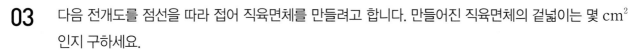

03 다음 전개도를 점선을 따라 접어 직육면체를 만들려고 합니다. 만들어진 직육면체의 겉넓이는 몇 cm² 인지 구하세요.

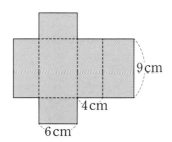

9cm
4cm
6cm

❶ 만들어진 직육면체의 서로 다른 세 면의 넓이를 각각 구하세요.

(   ), (   ), (   )

❷ 만들어진 직육면체의 겉넓이는 몇 cm²일까요?

(   )

04 가와 나 두 직육면체의 겉넓이의 차는 몇 cm²인지 구하세요.

직육면체	가로(cm)	세로(cm)	높이(cm)
가	20	16	18
나	15	25	10

❶ 가와 나 직육면체의 겉넓이는 각각 몇 cm²인지 구하세요.

가 (   ), 나 (   )

❷ 가와 나 두 직육면체의 겉넓이의 차는 몇 cm²인지 구하세요.

(   )

01 문구점에서 크기가 같은 정육면체 모양의 지우개를 상자에 담아 상자의 부피를 비교하려고 합니다. 부피가 가장 큰 상자는 어느 상자인지 풀이 과정을 쓰고 답을 구하세요.

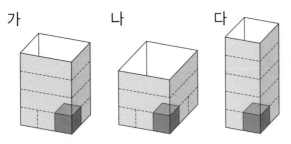

가　　　　나　　　　다

풀이

답 _____

🔍 **어떻게 풀까요?**

• 지우개가 많이 들어갈수록 부피가 큰 상자입니다.

02 직육면체의 부피는 몇 m^3인지 풀이 과정을 쓰고 답을 구하세요.

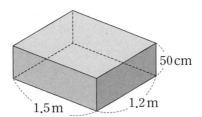

50 cm
1.5 m　1.2 m

풀이

답 _____

🔍 **어떻게 풀까요?**

• m와 cm 중 하나의 단위로 통일하여 부피를 구합니다.
이때 답은 m^3 단위로 나타내어야 함에 주의합니다.

03 다음 전개도를 점선을 따라 접어 직육면체의 정리함을 만들려고 합니다. 만들려고 하는 정리함의 겉넓이는 몇 cm²인지 풀이 과정을 쓰고 답을 구하세요.

🔍 **어떻게 풀까요?**

• 직육면체의 겉넓이는 전개도의 넓이와 같습니다.

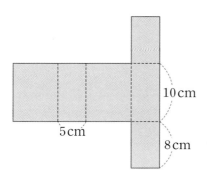

10cm
5cm
8cm

풀이

답 _____

04 서연이는 부산에 사는 친구에게 선물을 보내기 위해 우체국에 왔습니다. 우체국에 있는 상자 크기와 가격표를 보고 3호 상자는 2호 상자보다 겉넓이가 몇 cm² 더 넓은지 풀이 과정을 쓰고 답을 구하세요.

🔍 **어떻게 풀까요?**

• 2호 상자와 3호 상자의 겉넓이를 구한 후 차를 구합니다.

크기	가로(cm)	세로(cm)	높이(cm)	가격(원)
1호	22	19	9	400
2호	27	18	15	500
3호	34	25	21	700
4호	41	31	28	1000
5호	48	38	34	1700
6호	72	48	40	2600

풀이

답 _____

6 직육면체의 부피와 겉넓이

01 직육면체의 부피는 몇 cm³일까요?

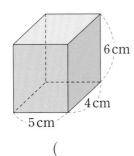

6 cm
4 cm
5 cm

( )

02 옳은 것을 찾아 기호를 쓰세요.

㉠ 6 m³ = 600000 cm³
㉡ 2900000 cm³ = 29 m³
㉢ 0.3 m³ = 300000 cm³

( )

03 부피가 1 m³인 쌓기나무를 쌓아 직육면체를 만들었습니다. 직육면체의 부피는 몇 m³인지 구하세요.

( )

04 다음 전개도를 접어 만든 직육면체의 겉넓이는 몇 cm²일까요?

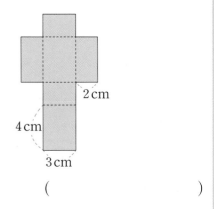

2 cm
4 cm
3 cm

( )

05 직육면체 모양인 두부의 겉넓이는 몇 cm²일까요?
······························ ( )

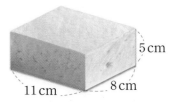

5 cm
11 cm
8 cm

① 198 cm²   ② 224 cm²
③ 276 cm²   ④ 308 cm²
⑤ 366 cm²

배움으로 행복한 내일을 꿈꾸는
천재교육 커뮤니티 안내 • • •

 교재 안내부터 구매까지 안 번에!
천재교육 홈페이지

자사가 발행하는 참고서, 교과서에 대한 소개는 물론
도서 구매도 할 수 있습니다. 회원에게 지급되는 별을 모아
다양한 상품 응모에도 도전해 보세요!

 다양한 교육 꿀팁에 깜짝 이벤트는 덤!
천재교육 인스타그램

천재교육의 새롭고 중요한 소식을 가장 먼저 접하고 싶다면?
천재교육 인스타그램 팔로우가 필수!
깜짝 이벤트도 수시로 진행되니 놓치지 마세요!

 수업이 편리해지는
천재교육 ACA 사이트

오직 선생님만을 위한, 천재교육 모든 교재에 대한 정보가 담긴
아카 사이트에서는 다양한 수업자료 및 부가 자료는 물론
시험 출제에 필요한 문제도 다운로드하실 수 있습니다.

https://aca.chunjae.co.kr

 천재교육을 사랑하는 샘들의 모임
천사샘

학원 강사, 공부방 선생님이시라면 누구나 가입할 수 있는 천사샘!
교재 개발 및 평가를 통해 교재 검토진으로 참여할 수 있는 기회는 물론
다양한 교사용 교재 증정 이벤트가 선생님을 기다립니다.

 아이와 함께 성장하는 학부모들의 모임공간
튠맘 학습연구소

튠맘 학습연구소는 초·중등 학부모를 대상으로 다양한 이벤트와 함께
교재 리뷰 및 학습 정보를 제공하는 네이버 카페입니다.
초등학생, 중학생 자녀를 둔 학부모님이라면 튠맘 학습연구소로 오세요!

단원평가

수학

단원
평가

학교 수행평가 완벽 대비

6·1

밀크T 성취도평가
오답 베스트5 수록

정답 및 풀이

천재교육

수학

단원평가

스피드 정답표

1 분수의 나눗셈

3쪽 쪽지시험 1회   풀이는 16쪽에

01 ⑩  ; $\dfrac{1}{5}$

02 ⑩ 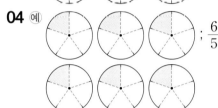 ; $\dfrac{3}{5}$

03 ⑩ ; $\dfrac{3}{4}$

04 ⑩ ; $\dfrac{6}{5}$

05 1, 1, 1, 1, 5   **06** 1, 1, 1, 1, 9   **07** $\dfrac{1}{6}$

08 $\dfrac{8}{9}$ **09** $\dfrac{12}{5}\left(=2\dfrac{2}{5}\right)$ **10** $\dfrac{13}{9}\left(=1\dfrac{4}{9}\right)$

4쪽 쪽지시험 2회   풀이는 16쪽에

01 2, 2   **02** 10, 2, 5   **03** 9, 3, $\dfrac{3}{14}$

04 15, 3   **05** 28, 4, 7   **06** $\dfrac{2}{7}$

07 $\dfrac{3}{10}$ **08** $\dfrac{5}{18}$ **09** $\dfrac{2}{13}$

10 $\dfrac{3}{28}$

5쪽 쪽지시험 3회   풀이는 16쪽에

01 $\dfrac{1}{3}$, $\dfrac{4}{45}$ **02** $\dfrac{1}{9}$, $\dfrac{3}{45}\left(=\dfrac{1}{15}\right)$

03 $\dfrac{1}{2}$, $\dfrac{3}{16}$ **04** $\dfrac{1}{8}$, $\dfrac{9}{40}$ **05** $\dfrac{1}{5}$, $\dfrac{13}{30}$

06 $\dfrac{5}{9}\times\dfrac{1}{3}=\dfrac{5}{27}$ **07** $\dfrac{7}{8}\times\dfrac{1}{5}=\dfrac{7}{40}$

08 $\dfrac{6}{13}\times\dfrac{1}{7}=\dfrac{6}{91}$ **09** $\dfrac{6}{5}\times\dfrac{1}{8}=\dfrac{6}{40}\left(=\dfrac{3}{20}\right)$

10 $\dfrac{10}{7}\times\dfrac{1}{8}=\dfrac{10}{56}\left(=\dfrac{5}{28}\right)$

6쪽 쪽지시험 4회   풀이는 16쪽에

01 16, 2   **02** 38, 19   **03** 11, 11, $\dfrac{1}{5}$, 11

04 56, 56, $\dfrac{1}{4}$, $1\dfrac{20}{36}\left(=1\dfrac{5}{9}\right)$

05 43, 43, $\dfrac{1}{5}$, $\dfrac{43}{50}$ **06** $\dfrac{3}{4}$

07 $\dfrac{5}{8}$ **08** $\dfrac{15}{56}$ **09** $\dfrac{7}{8}$

10 $\dfrac{3}{5}$

7~9쪽 단원평가 1회   Ⓐ 난이도   풀이는 17쪽에

01 ⑩ ; $\dfrac{1}{6}$ **02** 4

03 9   **04** $\dfrac{1}{2}$, $\dfrac{4}{10}$ **05** 2, 2, $\dfrac{13}{18}$

06 4, 4, 4, 4, 9   **07** 15, $\dfrac{5}{24}$ **08** $\dfrac{3}{7}$

09 8, 2, $\dfrac{4}{5}$ **10** ( )(○)   **11** 9, 36, $\dfrac{5}{12}$

12 3, $\dfrac{5}{8}$ **13** $\dfrac{3}{32}$ **14** $\dfrac{9}{5}\left(=1\dfrac{4}{5}\right)$

15 $\dfrac{25}{7}\left(=3\dfrac{4}{7}\right)$ **16** $\dfrac{8}{5}\left(=1\dfrac{3}{5}\right)$

17 $\dfrac{5}{3}\div5$에 ○표   **18** 2, 3, 2, $\dfrac{1}{3}$, $\dfrac{2}{3}$

19 $\dfrac{7}{10}\div8=\dfrac{7}{10}\times\dfrac{1}{8}=\dfrac{7}{80}$ **20** $\dfrac{4}{5}$ m

10~12쪽 단원평가 2회   Ⓐ 난이도   풀이는 17쪽에

01 $\dfrac{4}{5}$ **02** $\dfrac{1}{2}$; $\dfrac{1}{2}$, 2, $\dfrac{3}{10}$ **03** $\dfrac{5}{7}$

04 $\dfrac{13}{6}\left(=2\dfrac{1}{6}\right)$ **05** 8, 2   **06** 35, 35, 7

07 3, 5   **08** 11, 11, 4, $\dfrac{11}{20}$

09 13　　**10** $\dfrac{4}{27}$　　**11** $\dfrac{4}{5}$

12 $\dfrac{6}{25}$　　**13** ④　　**14** $\dfrac{16}{21}$

15 　　**16** $\dfrac{9}{7}\left(=1\dfrac{2}{7}\right)$　　**17** $<$

　　　　　　18 $\dfrac{2}{9}$ L

19 $\dfrac{4}{3}\left(=1\dfrac{1}{3}\right)$ kg　　**20** $2\dfrac{2}{5}\div3=\dfrac{4}{5}$; $\dfrac{4}{5}$ m

---

13~15쪽 단원평가 3회 ⓑ 난이도　풀이는 18쪽에

01 예 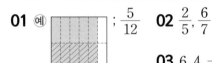 ; $\dfrac{5}{12}$　　**02** $\dfrac{2}{5},\dfrac{6}{7}$

　　　　　　　　　03 $6, 4, \dfrac{3}{14}$

04 $\dfrac{1}{35},\dfrac{3}{50}$　　**05** $\dfrac{10}{99}$　　**06** $\dfrac{7}{20}$

07 $9, 9, \dfrac{1}{3}, \dfrac{3}{4}$　　**08** $24, 24, 5, \dfrac{24}{35}$

09 $\dfrac{7}{8}$　　**10** $\dfrac{9}{10}$

11 $2\dfrac{2}{3}\div4=\dfrac{8}{3}\div4=\dfrac{\overset{2}{8}}{3}\times\dfrac{1}{\underset{1}{4}}=\dfrac{2}{3}$　　**12** $\dfrac{5}{16}$

13 　　**14** $\dfrac{16}{25},\dfrac{4}{25}$　　**15** (○)( )

　　　　　　16 $\dfrac{6}{11}$ m　　**17** $\dfrac{3}{5}$ L

18 $1, 2, 3$　　**19** $\dfrac{4}{7}, 5, \dfrac{4}{35}\left(\text{또는 } \dfrac{4}{5}, 7, \dfrac{4}{35}\right)$

20 예 (전체 보리의 양)÷(봉지 수)

$$=2\dfrac{9}{13}\div4=\dfrac{35}{13}\times\dfrac{1}{4}=\dfrac{35}{52}\,(\text{kg})\;;\;\dfrac{35}{52}\,\text{kg}$$

16~18쪽 단원평가 4회 ⓑ 난이도　풀이는 18쪽에

01 $\dfrac{9}{13}$　　**02** ①　　**03**

04 $35, 7, 5$　　**05** $21, \dfrac{1}{3}, \dfrac{7}{4}\left(=1\dfrac{3}{4}\right)$

06 $\dfrac{4}{45}$　　**07** $\dfrac{4}{35}$　　**08** $\dfrac{23}{50}$

---

09 $\dfrac{3}{8}$　　**10** $\dfrac{17}{24}$

11 $\dfrac{38}{27}\left(=1\dfrac{11}{27}\right)$　　**12** $\dfrac{17}{10}\left(=1\dfrac{7}{10}\right)$

13 $<$　　**14** $\dfrac{13}{8}\left(=1\dfrac{5}{8}\right)$ cm²

15 $\dfrac{9}{16}$　　**16** ㄹ

17 예 (직사각형의 넓이)=(가로)×(세로)

　　⇨ (세로)=(직사각형의 넓이)÷(가로)

$$=30\dfrac{1}{3}\div7=\dfrac{\overset{13}{91}}{3}\times\dfrac{1}{\underset{1}{7}}$$

$$=\dfrac{13}{3}\left(=4\dfrac{1}{3}\right)(\text{m})$$

$$;\;\dfrac{13}{3}\left(=4\dfrac{1}{3}\right)\text{m}$$

18 $\dfrac{15}{14}\left(=1\dfrac{1}{14}\right)$ m　　**19** $\dfrac{8}{5}\left(=1\dfrac{3}{5}\right)$ m²

20 $\dfrac{5}{8}$ L

19~21쪽 단원평가 5회 ⓒ 난이도　풀이는 19쪽에

01 $\dfrac{7}{15}$　　**02** $\dfrac{13}{5}\left(=2\dfrac{3}{5}\right)$

03 $\dfrac{7}{117}$　　**04** $\dfrac{3}{26}$　　**05** ⑤

06 $\dfrac{4}{9}$　　**07** $\dfrac{6}{7}$　　**08** $\dfrac{1}{8}$

09 $\dfrac{7}{5}\left(=1\dfrac{2}{5}\right)$　　**10** $\dfrac{23}{9}\left(=2\dfrac{5}{9}\right)$　　**11** ㉡, ㉠, ㉢

12 $\dfrac{7}{11}$ m　　**13** $\dfrac{1}{3}$　　**14** $1, 2, 3, 4$

15 예 밑변의 길이가 8 cm일 때 높이는 □cm이므로

$$8\times\square=21\dfrac{5}{9},\;\square=21\dfrac{5}{9}\div8\text{입니다.}$$

$$\Rightarrow\square=21\dfrac{5}{9}\div8=\dfrac{\overset{97}{194}}{9}\times\dfrac{1}{\underset{4}{8}}=\dfrac{97}{36}\left(=2\dfrac{25}{36}\right)$$

$$;\;\dfrac{97}{36}\left(=2\dfrac{25}{36}\right)\text{cm}$$

16 $\dfrac{1}{10}$ m　　**17** $\dfrac{6}{7}$　　**18** $\dfrac{44}{9}\left(=4\dfrac{8}{9}\right)$ cm²

19 $\dfrac{4}{7}, 9, \dfrac{4}{63}\left(\text{또는 } \dfrac{4}{9}, 7, \dfrac{4}{63}\right)$

20 예 (이틀 동안 산 쌀의 양)

$$=3\frac{3}{8}+3\frac{3}{4}=3\frac{3}{8}+3\frac{6}{8}$$

$$=6\frac{9}{8}=7\frac{1}{8}\,(kg)$$

(한 가정이 받은 쌀의 양)

$$=7\frac{1}{8}\div6=\frac{\overset{19}{\cancel{57}}}{8}\times\frac{1}{\underset{2}{\cancel{6}}}=\frac{19}{16}\left(=1\frac{3}{16}\right)(kg)$$

$$; \frac{19}{16}\left(=1\frac{3}{16}\right)kg$$

22~23쪽 단계별로 연습하는 **서술형평가** 풀이는 20쪽에

01 ❶ 예 ÷7을 분수의 곱셈으로 바꾸어 $\times\frac{1}{7}$을 해야 하는데 ×7을 하였으므로 틀렸습니다.

❷ $\frac{21}{8}\div7=\frac{\overset{3}{\cancel{21}}}{8}\times\frac{1}{\underset{1}{\cancel{7}}}=\frac{3}{8}$; $\frac{3}{8}$ m

02 ❶ $\frac{\overset{2}{\cancel{4}}}{5}\times\frac{1}{\underset{1}{\cancel{2}}}=\frac{2}{5}$; $\frac{2}{5}$ m

❷ $\frac{2}{5},\frac{2}{5},3,\frac{2}{15}$; $\frac{2}{15}$ m

03 ❶ □−4=$3\frac{1}{3}$ ❷ $7\frac{1}{3}$ ❸ $\frac{11}{6}\left(=1\frac{5}{6}\right)$

04 ❶ $\frac{16}{3}\left(=5\frac{1}{3}\right)m^2$ ❷ $\frac{21}{4}\left(=5\frac{1}{4}\right)m^2$

❸ 지민이네 모둠

24~25쪽 풀이 과정을 직접 쓰는 **서술형평가** 풀이는 20쪽에

01 예 ÷6을 분수의 곱셈으로 바꾸어 $\times\frac{1}{6}$을 해야 하는데 ×6을 했으므로 틀렸습니다.

바르게 계산하면 $4\frac{4}{5}\div6=\frac{\overset{4}{\cancel{24}}}{5}\times\frac{1}{\underset{1}{\cancel{6}}}=\frac{4}{5}\,(kg)$

입니다. ; $\frac{4}{5}$ kg

02 예 색칠한 부분은 전체를 8등분 한 것 중의 2입니다.

(색칠한 부분 중 1개의 넓이)

$$=4\frac{8}{9}\div8=\frac{\overset{11}{\cancel{44}}}{9}\times\frac{1}{\underset{2}{\cancel{8}}}=\frac{11}{18}\,(m^2)$$

(색칠한 부분의 넓이)

$$=\frac{11}{\underset{9}{\cancel{18}}}\times\overset{1}{\cancel{2}}=\frac{11}{9}\left(=1\frac{2}{9}\right)(m^2)$$

$$; \frac{11}{9}\left(=1\frac{2}{9}\right)m^2$$

03 예 어떤 수를 □라 하면 □+6=$8\frac{1}{7}$입니다.

□=$8\frac{1}{7}$ 6=$2\frac{1}{7}$이므로 바르게 계산한 값은

$2\frac{1}{7}\div6=\frac{\overset{5}{\cancel{15}}}{7}\times\frac{1}{\underset{2}{\cancel{6}}}=\frac{5}{14}$입니다. ; $\frac{5}{14}$

04 예 윤주네 모둠 4명이 3 L의 주스를 나누어 마셨으므로 한 사람이 마신 주스의 양은

$3\div4=\frac{3}{4}\,(L)$입니다.

민우네 모둠 5명이 6 L의 주스를 나누어 마셨으므로 한 사람이 마신 주스의 양은

$6\div5=\frac{6}{5}\left(=1\frac{1}{5}\right)(L)$입니다.

$\frac{3}{4}<1\frac{1}{5}$이므로 민우네 모둠이 한 사람이 마신 주스의 양이 더 많습니다. ; 민우네 모둠

26쪽 밀크티 성취도평가 **오답 베스트 5** 풀이는 21쪽에

01 $\frac{5}{32}$ kg

02 ㉡

03 ③

04 5개

05 $\frac{7}{13}$ kg

2 각기둥과 각뿔

29쪽 쪽지시험 1회 풀이는 21쪽에

01 나, 라, 바   02   03 옆면
04 사각기둥

05 오각기둥   06 직사각형   07 6 cm
08 ②, ⑤   09 10개   10 육각기둥

30쪽 쪽지시험 2회 풀이는 21쪽에

01 육각형   02 육각뿔   03 6개
04 12개   05 ③, ④   06 8개
07 5개   08 5 cm   09 (위부터) 8, 4
10 6, 6, 10

31~33쪽 단원평가 1회 A 난이도 풀이는 22쪽에

01 ⑤   02 가, 나, 다, 바   03 나, 다
04 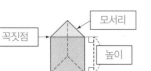   05 ④

06 칠각형, 칠각기둥   07 오각뿔
08 17 cm   09 전개도   10 15 cm
11 면 ㄱㄴㄷㄹㅁ, 면 ㅂㅅㅇㅈㅊ
12 9개   14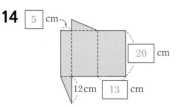
13 삼각기둥
15 8, 6, 12
16 7, 7, 12
17 예 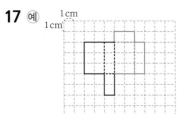   18 선분 ㅋㅊ
19 점 ㄹ, 점 ㅊ
20 ㉢

34~36쪽 단원평가 2회 A 난이도 풀이는 22쪽에

01 가, 나, 라, 바   02 나, 바   03 라
04 육각기둥   05 5개

---

06 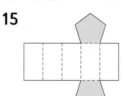   07 [각뿔의 꼭짓점] [높이] [모서리]

08 [그림]   09 6개   10 6 cm
11 지현   12 8개
13 꼭짓점 ㄱ   14 ㉠
15 [전개도 그림]   16 오각기둥
17 (위부터) 8, 18 ; 4, 4
18 ㉡, ㉣
19 면 ㉮
20 15 cm

37~39쪽 단원평가 3회 B 난이도 풀이는 23쪽에

01 가, 다   02 ④   03 3개
04 ②, ④   05 18개   06 6개
07 19개   08 ②   09 ④
10 5개   11 사각기둥   12 ㉣
13 삼각뿔   14 7, 15, 10   15 18
16 14개
17 예 [그림 3cm, 4cm]

18 선분 ㅁㄹ   19 9개
20 예 밑면의 모양이 팔각형이므로 팔각기둥입니다.
팔각형의 한 밑면의 변의 수는 8개이므로 꼭짓점은
모두 8×2=16(개)입니다. ; 16개

40~42쪽 단원평가 4회 B 난이도 풀이는 24쪽에

01 가, 마   02 나, 라
03 [그림] ; 오각기둥   04 ㉡
05 12 cm   06 육각기둥
07 재호

08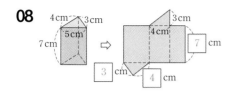

09 육각기둥　　**10** (위부터) 9, 21, 14 ; 8, 14, 8

11 ㉠, ㉢　　**12** 사각기둥　　**13** ④

14 ㉔ · 공통점: 밑면의 모양이 사각형입니다.
　　· 차이점: 사각뿔은 옆면이 삼각형이지만 사각기
　　　　둥은 옆면이 직사각형입니다.

15 ⑤　　**16** 팔각뿔　　**17** ㉢, ㉠, ㉡

18 선분 ㅋㅊ　　**19** 점 ㅌ　　**20** 4 cm

43~45쪽 단원평가 5회 Ⓒ 난이도　　풀이는 25쪽에

01 ①, ⑤　　**02** 3개　　**03** 육각기둥

04 5개　　**05** 7 cm

06 모서리, 각뿔의 꼭짓점, 높이　　**07** ④

08 오각기둥　　**09** ②　　**10** ⑤

11 ㉠, ㉢　　**12** ㉣, ㉥　　**13** 육각뿔

14 ㉡, ㉣　　**15** 면 ㅋㅂㅈㅊ　　**16** 점 ㅇ

17 ㉔ 각기둥 중에서 면의 수가 가장 적으려면 한 밑면
　　의 변의 수가 가장 적어야 합니다. 따라서 삼각기둥
　　의 한 밑면의 변의 수는 3개로 가장 적고 이때 면은
　　모두 3＋2＝5(개)입니다. ; 5개

18 24개　　**19** 54 cm

20 ㉔ 옆면이 8개이므로 밑면의 변의 수가 8개인 팔각
　　뿔입니다.
　　➡ (모든 모서리의 길이의 합)
　　　＝5×8＋12×8
　　　＝40＋96＝136 (cm) ; 136 cm

46~47쪽 단계별로 연습하는 서술형평가　　풀이는 26쪽에

01 ❶ 칠각기둥 ❷ 21개

02 ❶ 6개 ❷ 10개 ❸ 4개

03 ❶ 선영
　　❷ ㉔ 각뿔은 옆면의 모양이 삼각형이야.

04 ❶ ㉠ 8 ㉡ 10 ㉢ 7 ❷ 25

48~49쪽 풀이 과정을 직접 쓰는 서술형평가　　풀이는 26쪽에

01 ㉔ 밑면의 모양이 팔각형이므로 팔각뿔이고 밑
　　면의 변의 수는 8개입니다.
　　(면의 수)＝8＋1＝9(개)
　　(모서리의 수)＝8×2＝16(개)
　　➡ 9＋16＝25(개) ; 25개

02 ㉔ 삼각기둥의 한 밑면의 변의 수는 3개입니다.
　　(면의 수)＝3＋2＝5(개)
　　(꼭짓점의 수)＝3×2＝6(개)
　　➡ 6－5＝1(개) ; 1개

03 ㉔ 각기둥은 위와 아래에 있는 면이 서로 합동인
　　데 주어진 도형은 합동이 아니므로 각기둥이 아
　　닙니다. ; ㉔ 각기둥은 옆면이 직사각형인데 주
　　어진 도형은 직사각형이 아닙니다.

04 ㉔ 전개도를 접었을 때 맞닿는 선분의 길이는 같
　　습니다. ㉠＝5, ㉡＝4, ㉢＝7
　　따라서 ㉠＋㉡－㉢＝5＋4－7＝9－7＝2입니
　　다. ; 2

05 ㉔ 각기둥에서 옆면의 수는 한 밑면의 변의 수
　　와 같으므로 육각기둥입니다. 또 한 밑면은 한
　　변이 15 cm인 정육각형이고 옆면끼리 만나는
　　모서리의 길이도 15 cm로 같습니다. 따라서
　　육각기둥의 모서리는 모두 6×3＝18(개)이므
　　로 모든 모서리의 길이의 합은
　　15×18＝270 (cm)입니다. ; 270 cm

50쪽 밀크티 성취도평가 오답 베스트 5　　풀이는 26쪽에

01 ㉢

02
5 cm 3 cm / 8 cm / 7 cm ⇨ 8 / 5 cm 3 cm / 3 cm / 5 cm / 7 cm

03 4개

04 12개

05 나

02 ⓔ 밑면이 다각형이고 옆면이 모두 삼각형인 입체도형은 각뿔입니다.

각뿔에서 면과 면이 만나는 선분은 모서리이고 모서리의 수는 밑면의 변의 수의 2배입니다.

따라서 (밑면의 변의 수)×2＝18(개)에서 밑면의 변의 수는 9개이므로 밑면이 구각형인 구각뿔입니다. ; 구각뿔

---

3 소수의 나눗셈

53쪽 쪽지시험 1회 풀이는 27쪽에

01 11.4　　**02** 1.14　　**03** 424, 4.24

04 (위부터) 5, 7 ; 4 ; 22 ; 20 ; 28 ; 28

05 1.22　　**06** 1.14　　**07** 13.46

08 41.3　　**09** 12.15　　**10**

54쪽 쪽지시험 2회 풀이는 27쪽에

01 34, 0.34　**02** 185, 1.85　**03** 2.75

04 6.32　**05** 0.27　**06** 0.9　**07** 0.84

08 3.65　**09** 9.76　**10** (　)(○)

55쪽 쪽지시험 3회 풀이는 27쪽에

01 $4.1 \div 2 = \dfrac{410}{100} \div 2 = \dfrac{410 \div 2}{100} = \dfrac{205}{100} = 2.05$

02 $4.24 \div 4 = \dfrac{424}{100} \div 4 = \dfrac{424 \div 4}{100} = \dfrac{106}{100} = 1.06$

03 $5.35 \div 5 = \dfrac{535}{100} \div 5 = \dfrac{535 \div 5}{100} = \dfrac{107}{100} = 1.07$

04 5.05　　**05** 1.07

06 3.07　　**07** 7.03　　**08** 6.01

09 1.06　　**10**
```
      1.0 8
  3)3.2 4
     3
     ̄ ̄ ̄
      2 4
      2 4
     ̄ ̄ ̄
        0
```

56쪽 쪽지시험 4회 풀이는 27쪽에

01 $7 \div 2 = \dfrac{7}{2} = \dfrac{35}{10} = 3.5$

02 $6 \div 5 = \dfrac{6}{5} = \dfrac{12}{10} = 1.2$

03 0.6　　**04** 0.75　　**05** 180, 5

06 8.25　　**07** 5.5　　**08** 1.4

09 5.6　　**10** 82.8÷4＝20.7에 ○표

57~59쪽 단원평가 1회 난이도 풀이는 28쪽에

01 544, 544, 68, 0.68　**02** 170, 170, 34, 3.4

03 2.⎕6⎕7

04 $28.84 \div 7 = \dfrac{2884}{100} \div 7 = \dfrac{2884 \div 7}{100} = \dfrac{412}{100} = 4.12$

05 4.35　　**06** 3.06　　**07** 0.36

08 9.85　　**09** ＞　　**10** ＝

11 12.5　　**12** 1.25　　**13** 2.46

14 244, 244, 24.4　　**15** 48÷6

16
```
       3.0 5
   4)1 2.2 0
     1 2
     ̄ ̄ ̄
         2 0
         2 0
     ̄ ̄ ̄
           0
```
17 3.24, 0.54

18 ⓔ 17, ⓔ 4, 4.⎕3⎕2

19 1.4 kg

20 9.25 cm

60~62쪽 단원평가 2회 난이도 풀이는 29쪽에

01 56, 56, 7, 0.7　　**02** 3.4 ; 24 ; 24

03 5.14 ; 9 ; 7 ; 28 ; 28　　**04** 0.35

05 0.34　　**06** 0.26　　**07** 1.54

08 6.16　　**09** 1.26　　**10**

11 ＞　　**12** $7 \div 5 = \dfrac{7}{5} = \dfrac{14}{10} = 1.4$

13 6.8　　**14** 121, 121, 1.21

15
```
       0.4 9
   6)2.9 4
     2 4
     ̄ ̄ ̄
       5 4
       5 4
     ̄ ̄ ̄
         0
```
16 22.4÷7＝3.2에 ○표

17 ③　　**18** 7.98 cm

19 3.45 cm　　**20** 6.48분

01 648, 648, 162, 1.62

02 2200, 2200, 275, 2.75　　**03** 8.35

04 8.06　　**05** 8.05　　**06** 3.35

07 2.8

08 $8.65 \div 5 = \dfrac{865}{100} \div 5 = \dfrac{865 \div 5}{100} = \dfrac{173}{100} = 1.73$

09 3.8　　**10** 0.38　　**11**

```
      5.3 5
3) 1 6.0 5
    1 5
    1 0
       9
     1 5
     1 5
        0
```

12 2.5　　**13** 3.48÷3에 ○표

14 3.74　　**15** ㉢, ㉠, ㉡, ㉣

16 ④　　**17** 15.7 m

18 11.5 m²　　**19** 5.4 kg

20 ㉷ (평행사변형의 넓이)

＝(밑변의 길이)×(높이)이므로

(높이)＝(평행사변형의 넓이)

÷(밑변의 길이)입니다.

⇨ 51.6÷8=6.45 (cm) ; 6.45 cm

01 84, 84, 28, 2.8　　**02** (위부터) 7 ; 63 ; 63

03 5.6　　**04** 0.69　　**05** 2.4, 0.24

06 $16.2 \div 4 = \dfrac{1620}{100} \div 4 = \dfrac{1620 \div 4}{100} = \dfrac{405}{100} = 4.05$

07 ㉷ 7, 3, ㉷ 2 ; 2☐2☐8　　**08** 3.9

09 3.8　　**10** ④

11 (위부터) 1.9, 1.6, 0.95, 0.8　　**12** 5.25

13
```
      2.0 4
5) 1 0.2 0
    1 0
       2 0
       2 0
          0
```
14 3.4, 1.7

15 ㉢

16 1.64 cm²

17 ㉷ (1 L로 갈 수 있는 거리)

＝299.43÷27=11.09 (km) ; 11.09 km

18 3.79 L　　**19** 9.3 cm　　**20** 4.55

01 $23.2 \div 5 = \dfrac{2320}{100} \div 5 = \dfrac{2320 \div 5}{100} = \dfrac{464}{100} = 4.64$

02 $18.7 \div 5 = \dfrac{1870}{100} \div 5 = \dfrac{1870 \div 5}{100} = \dfrac{374}{100} = 3.74$

03 5.66　　**04** 4.68　　**05** 3.75

06 8.25　　**07** (1) 2.1　(2) 2.3

08
```
      0.4 5
8) 3.6 0
    3 2
      4 0
      4 0
         0
```
09 6.72　　**10** >

11 ㉠　　**12** 4.7 m

13 2.45÷5에 ○표　　**14** 6.8 g

15 54.72÷6=9.12에 ○표　　**16** 1.23 m

17 ㉷ (색칠된 부분의 넓이)

＝20.25÷5=4.05 (m²) ; 4.05 m²

18 2÷8=0.25　　**19** 0.65 kg

20 ㉷ 어떤 수를 ☐라 하면 60.8÷☐=8,

☐=60.8÷8=7.6입니다.

따라서 어떤 수를 5로 나눈 몫은 7.6÷5=1.52입

니다. ; 1.52

01 ❶ ㉷ 3, ㉷ 1

❷ 1.1 ; ㉷ 몫의 소수점의 위치가 잘못 되었습

니다.

02 ❶ 9, 5.6, 50.4 ; 50.4 cm²

❷ 50.4, 6.3 ; 6.3 cm²

03 ❶ 8 m²　❷ 3.2 L

04 ❶ 2.34　❷ 2, 3, 4, 9 ; 0.26

05 ❶ 2.5분　❷ 2분 30초

74~75쪽 풀이 과정을 직접 쓰는 **서술형평가** 풀이는 31쪽에

01 예 몫의 소수점 위치가 잘못 되었습니다.

02 예 한 변의 길이가 5.2 cm인 정사각형의 넓이는 $5.2 \times 5.2 = 27.04 \, (\text{cm}^2)$입니다.

넓이가 같은 8개의 작은 직각삼각형으로 나누었으므로 작은 직각삼각형 1개의 넓이는 $27.04 \div 8 = 3.38 \, (\text{cm}^2)$입니다. ; 3.38 cm^2

03 예 (평행사변형 모양의 벽의 넓이)
$$= 3 \times 2 = 6 \, (\text{m}^2)$$
⇨ (1 m^{2}의 벽을 색칠하는 데 사용한 페인트의 양)
$$= 25.14 \div 6 = 4.19 \, (\text{L}) \; ; \; 4.19 \, \text{L}$$

04 예 만들 수 있는 가장 큰 소수 두 자리 수는 9.43입니다.
⇨ $9.43 \div 2 = 4.715$; 4.715

05 예 일주일은 7일입니다.
(하루에 늘어지는 시간)
$$= 24.5 \div 7 = 3.5(분)$$
⇨ 3.5분 = 3분 + 0.5분 = 3분 30초
따라서 벽시계는 하루에 3분 30초씩 늦어집니다. ; 3분 30초

76쪽 밀크티 성취도평가 **오답 베스트 5** 풀이는 32쪽에

01 7

02 0.82

03 3.5 cm

04 0.38 m

05 24.4

4 비와 비율

79쪽 **쪽지시험 1회** 풀이는 32쪽에

01 12, 16, 20 **02** 2 **03** 6, 8, 10

04 4, 7 **05** 7, 8 **06** 15, 13

07 11, 5 **08** 5, 9 **09** 3, 8

10 ⓒ

80쪽 **쪽지시험 2회** 풀이는 32쪽에

01 7, 8, $\frac{7}{8}$ **02** 13, 25, $\frac{13}{25}$ **03** $\frac{2}{5}$

04 $\frac{7}{2}$ **05** 0.58 **06** 0.45

07 $\frac{3}{5}$, 0.6 **08** $\frac{9}{16}$ **09** 0.55

10

81쪽 **쪽지시험 3회** 풀이는 33쪽에

01 100, 4 **02** $\frac{150}{5}$, 30 **03** 160, 80

04 270, 90 **05** ⓝ **06** $\frac{300}{4}$ (=75)

07 $\frac{480}{6}$ (=80) **08** $\frac{15000}{10}$ (=1500)

09 $\frac{4200}{7}$ (=600)

10 $\frac{16800}{8}$ (=2100)

82쪽 **쪽지시험 4회** 풀이는 33쪽에

01 100, 55 **02** 53 % **03** 61 %

04 26 % **05** 25

06 예 **07** 72 %

08 85 % **09** 76, 50 **10** 1반

01 (1) 3 (2) 2   **02** 비교하는 양, 기준량, 비율

03 19, 21   **04** 5, 12

05 예

06 $\dfrac{7}{25} \times 100 = 28$; 28 %

07 40   **08** 0.72

09 (위부터) 8, 12, 16 ; 4, 6, 8

10 예 남학생 수는 여학생 수의 2배입니다.

11 (위부터) 0.85, 85 ; 0.03, 3   **12** ②

13 $\dfrac{30}{20}\left(=\dfrac{3}{2}\right)$, 1.5   **14** 13 : 20

15 (○) (   ) (   )   **16** 20 %

17 52 %   **18** 20 %   **19** 0.32

20 $\dfrac{150}{300}\left(=\dfrac{1}{2}=0.5\right)$

---

01 12, 12   **02** 3, 3

03 20, 30, 40 ; 10   **04** 8, 7 ; 7, 8

05 6 : 7   **06** 7 : 6   **07** ④

08 13, 20, $\dfrac{13}{20}(=0.65)$ **09** 21 : 27

10 $\dfrac{21}{27}\left(=\dfrac{7}{9}\right)$ **11** 16, 16, 64, 64

12 $\dfrac{3}{5}$ **13** 60 %

14 40 %, 16 %, 136 %   **15**

16 ③, ④

17 예

18 $\dfrac{124}{2}(=62)$ **19** $\dfrac{3}{2}$ **20** 80 %

01

뺄셈으로 비교하기	나눗셈으로 비교하기
예 10−5=5, 피자 조각 수가 모둠원 수 보다 5 더 많습니다.	예 모둠원 수는 피자 조각 수의 $\dfrac{1}{2}$배입니다.

02 30, 40, 50   **03** 4, 7

04 25, 11, 11, 25   **05** 0.45

06 ③   **07** 0.37, 37 %   **08** ㄹ

09 5 : 12   **10** 62.5 %   **11**

12 37.5 %   **13** 2배   **14** 6.2 %

15 $\dfrac{138000}{12}(=11500)$ **16** 6400

17 맞습니다에 ○표 ; 예 백분율을 구하기 위해서는 분수나 소수로 나타낸 비율에 100을 곱한 다음 곱해서 나온 값에 기호 %를 붙이면 되므로 맞습니다.

18 62 : 13   **19** 구두   **20** 25개

---

01 (위부터) 18, 27, 36, 45 ; 6, 9, 12, 15

02 예 학생 수는 손전등 수의 3배입니다.

03 손전등 수, 3   **04** 5 : 16   **05** $\dfrac{5}{6}$

06 11 %   **07** ②   **08** $\dfrac{37}{100}$, 0.37   **09** 34 %

10 75, 0.75 ; 75, 0.75 ; 같습니다에 ○표

11 ②   **12** 예   **13** 52, 40, 60 ; 3반

14 틀립니다에 ○표 ; 예 5 : 4의 기준량은 4이고, 4 : 5의 기준량은 5이므로 5 : 4와 4 : 5는 다릅니다.

15 4 : 10   **16** $\dfrac{6}{10}\left(=\dfrac{3}{5}\right)$, 0.6

17 3 %   **18** 20 %   **19** 승철

20 $\dfrac{24000}{16}(=1500)$, $\dfrac{37800}{18}(=2100)$; 나 마을

01 2, 5 ; 5, 2   **02** 16, 20, 24

03 예 지점토의 수는 학생 수의 4배입니다.

04 8 : 7   **05** $\dfrac{8}{7}$

06 $\dfrac{13}{8}$, 1.625

07 예

08 다릅니다에 ○표 ; 예 1 : 5의 기준량은 5이고,
   5 : 1의 기준량은 1이므로 1 : 5와 5 : 1은 다릅니다.

09 (위부터) $\dfrac{3}{100}$, 3 ; 0.8, 80

10 (위부터) 11, 20, $\dfrac{11}{20}$(=0.55) ; 24, 8, $\dfrac{24}{8}$(=3)

11 ④   **12** (선 연결)

13 13 : 25   **14** 32명

15 가 영화

16 빨간 버스

17 예 이틀 동안 타수는 5+7=12(타수)이고,
   안타는 2+1=3(개) 쳤습니다.
   따라서 타율은 $\dfrac{(안타 수)}{(전체 타수)}=\dfrac{3}{12}=\dfrac{1}{4}=0.25$입니다. ; 0.25

18 $\dfrac{156000}{6}$(=26000), $\dfrac{182000}{8}$(=22750)
   ; 가 도시

19 준기

20 예 사과는 할인받은 금액이 1200−900=300(원)입니다.
   (사과의 할인율)=$\dfrac{300}{1200}×100=25$(%)
   배는 할인받은 금액이 2500−2000=500(원)입니다.
   (배의 할인율)=$\dfrac{500}{2500}×100=20$(%)
   따라서 할인율이 더 높은 것은 사과입니다. ; 사과

01 ❶ $\dfrac{7}{10}$ ❷ 70 %

02 ❶ 54 cm², 50 cm² ❷ 50, 54

03 ❶ 450원 ❷ $\dfrac{450}{3000}\left(=\dfrac{3}{20}\right)$ ❸ 15 %

04 ❶ 14.3, 260.4, 105 ❷ 원진

05 ❶ 70 % ❷ 75 % ❸ 나 학교

01 예 성준: (성공률)=$\dfrac{21}{25}×100=84$(%)
   혜윤: (성공률)=$\dfrac{16}{20}×100=80$(%)
   따라서 84 %＞80 %이므로 성준이의 골 성공률이 더 높습니다. ; 성준

02 예 가의 넓이: 6×3=18(m²)
   나의 넓이: 5×5=25(m²)
   정사각형의 넓이에 대한 직사각형의 넓이의 비는 18 : 25입니다.
   이것을 비율로 나타내면 $\dfrac{18}{25}$입니다. ; $\dfrac{18}{25}$

03 예 42000−35700=6300(원)이므로 6300원 할인받았습니다.
   ⇨ (할인율)=$\dfrac{6300}{42000}×100=15$(%) ; 15 %

04 예 윤주: 0.64×100=64(%),
   지영: $\dfrac{43}{50}×100=86$(%),
   채린: $\dfrac{3}{5}×100=60$(%)
   따라서 비율을 백분율로 바르게 나타낸 사람은 채린입니다. ; 채린

05 예 (1반의 찬성률)=$\dfrac{11}{25}×100=44$(%)
   (2반의 찬성률)=$\dfrac{9}{20}×100=45$(%)
   (3반의 찬성률)=$\dfrac{15}{30}×100=50$(%)
   따라서 44 %＜45 %＜50 %이므로 찬성률이 가장 낮은 반은 1반입니다. ; 1반

01 0.7

02 ㄹ

03

04 ②

05 10 %, 20 %

---

5 여러 가지 그래프

01 1, 5

02 마을별 쌀 생산량

마을	쌀 생산량
가	
나	
다	

100 kg

10 kg

03 다 마을

04 가 마을

05 띠에 ○표

06 40명

07 35

08 35, 15

09 좋아하는 과일별 학생 수

0 10 20 30 40 50 60 70 80 90 100(%)			
포도 (30 %)	사과 (20 %)	딸기 (35 %)	기타 (15 %)

10 2배

---

01 원그래프 **02** 20명 **03** 25

04 25, 15, 100 **05** 취미별 학생 수

06 15, 30, 100 **07** 좋아하는 장난감별 학생 수

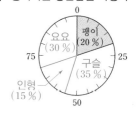

08 구슬 **09** 인형 **10** 2배

---

01 15 % **02** 2배 **03** 12 %

04 시집 **05** 3배 **06** 120, 16

07 마을별 쓰레기 배출량

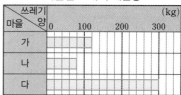

08 마을별 쓰레기 배출량

0 10 20 30 40 50 60 70 80 90 100(%)		
가 (24 %)	나 (16 %)	다 (60 %)

09 300 kg

10 16 %

---

01 띠그래프 **02** 25 % **03** 토끼

04 강아지 **05** 30 **06** 16, 40

07 혈액형별 학생 수

0 10 20 30 40 50 60 70 80 90 100(%)			
A형 (20 %)	B형 (30 %)	O형 (40 %)	

AB형(10 %)

08 원그래프

09 25 %

10 옷

11 휴대 전화 **12** $\frac{3}{20}$, 15 **13** 15, 25, 50

14 가족과 함께 하고 싶은 일별 학생 수   **15** ㉡

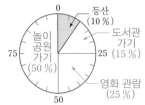

16 2배   **17** 16명   **18** 3배

19 30마리   **20** 60마리

(112~114쪽) 단원평가 2회 ⓐ 난이도   풀이는 39쪽에

01 띠그래프   **02** 25 %   **03** 저축

04 2배   **05** 40, 10, 100

06 색깔별 구슬 수

07 45 %   **08** 경기도   **09** 전라도

10 ㉣   **11** 40, 25

12 좋아하는 과일별 학생 수   **13** 660 kg

14 B형, AB형, A형, O형

15 16명

16 혈액형별 학생 수   **17** 18 %

18 오렌지 맛

19 16개

20 3배

(115~117쪽) 단원평가 3회 ⓑ 난이도   풀이는 40쪽에

01 원그래프   **02** 무기질   **03** 15 %

04 봄   **05** (위부터) 40, 20 ; 30, 20, 10, 100

06 병원별 간 횟수   **07** 40 %

---

08 김밥, 떡볶이, 스파게티, 자장면, 불고기

09 1.5배 또는 $1\frac{1}{2}$배

10 그림그래프: ㉺ 지역별 쌀 생산량

  꺾은선그래프: ㉺ 하루 동안 온도의 변화

  막대그래프: ㉺ 학년별 학생 수

11 30 %   **12** 만화   **13** 수학

14 240명   **15** 40, 10, 15, 5, 100

16 컴퓨터 사용 목적별 학생 수

17 컴퓨터 사용 목적별 학생 수   **18** 30 %

19 7 cm

20 ㉺ 침엽수림은 혼합림의 2배입니다. 120÷2=60

  이므로 혼합림의 넓이는 60 km² 입니다. ; 60 km²

(118~120쪽) 단원평가 4회 ⓑ 난이도   풀이는 41쪽에

01 25 %   **02** 4배   **03** 저축

04 1.2배 또는 $1\frac{1}{5}$배   **05** 15 %

06 은하수, 별지, 꽃, 푸른

07 마을별 학생 수

마을	학생 수
가	☺☺☺☺☺☺
나	☺☺☺
다	☺☺☺☺☺☺☺

☺ 100명
☺ 10명

08 정원   **09** 영훈   **10** 6배

11 500×0.45=225 ; 225표   **12** 25 %

13 집에서 기르는 가축별 수   **14** 12마리

15 ③

16 3배

17 좋아하는 과목별 학생 수

0 10 20 30 40 50 60 70 80 90 100 (%)			
국어(10 %)	수학(15 %)	사회(30 %)	과학(45 %)

18 200 m²   **19** 20 %

20 예 (연예인)=40×0.25=10(명),

(선생님)=40×0.2=8(명)입니다.

따라서 장래 희망이 연예인인 학생은 선생님인 학생보다 10−8=2(명) 더 많습니다. ; 2명

121~123쪽 단원평가 5회 **C** 난이도 풀이는 41쪽에

01 150, 400   **02** 15 %   **03** 15 %

04 35 %   **05** 40, 25, 15, 20, 100

06 장미   **07** 식물원에 있는 꽃별 수

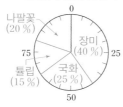

나팔꽃(20 %) / 장미(40 %) / 국화(25 %) / 튤립(15 %)

08 김밥   **09** 100인분   **10** ㉮ 항공사

11 1.8배 또는 $1\frac{4}{5}$배   **12** 750명

13 750×0.38=285 ; 285명

14 예 중학생 수는 전체의 30 %이고 이 중에서 남학생이 100−38=62이므로 62 %입니다.

따라서 중학교에 다니는 남학생은 전체의

0.3×0.62×100=18.6 (%)입니다. ; 18.6 %

15 50, 24, 16, 10, 100

16 종류별 책 수

0 10 20 30 40 50 60 70 80 90 100 (%)			
동화책(50 %)	과학책(24 %)	위인전(16 %)	기타(10 %)

17 104, 91, 39, 26   **18** 30 %

19 180 m²

20 예 (논)=600×0.2=120 (m²),

(밭)=600×0.15=90 (m²),

(주택지)=600×0.25=150 (m²)

⇨ 120+90−150=60 (m²) ; 60 m²

124~125쪽 단계별로 연습하는 **서술형평가** 풀이는 42쪽에

01 ❶ 30 %, 10 %   ❷ 3배

02 ❶ 미술, 국어   ❷ 3배   ❸ ㉢

03 ❶ ㉠ 예 띠그래프, ㉡ 꺾은선그래프, ㉢ 예 막대그래프

❷ ㉡

04 ❶ 예 증가하고 있습니다.

❷ 예 감소하고 있습니다.

126~127쪽 풀이 과정을 직접 쓰는 **서술형평가** 풀이는 42쪽에

01 예 수력 에너지는 62.6 %, 태양광 에너지는 13 %입니다. 62.6÷13=4.81…… ⇨ 약 4.8

따라서 약 4.8배입니다. ; 약 4.8배

02 지수 ; 예 빨간색(35 %)＞노란색(30 %)＞초록색(20 %)＞파란색(15 %)이므로 가장 적은 학생이 좋아하는 색은 파란색입니다.

03 예 ㉠, ㉢은 꺾은선그래프, ㉡은 띠그래프, 원그래프, 막대그래프로 나타낼 수 있습니다. 따라서 띠그래프 또는 원그래프로 나타내면 더 좋은 것은 ㉡입니다. ; ㉡

04 예 초등학생 수는 감소하고 중학생과 고등학생 수는 증가하고 있습니다.

128쪽 밀크티 성취도평가 **오답 베스트 5** 풀이는 43쪽에

01 수학

02 ㉡

03 2배

04 30명

05 60명

6 직육면체의 부피와 겉넓이

131쪽 쪽지시험 1회 풀이는 43쪽에

01 가 **02** 나
03 1 cm³, 1 세제곱센티미터 **04** 30 cm³
05 16 cm³ **06** 7, 280 **07** 6, 6, 216
08 84 cm³ **09** 48 cm³ **10** 125 cm³

132쪽 쪽지시험 2회 풀이는 43쪽에

01 1 m³, 1 세제곱미터 **02** 2000000
03 4 **04** 40000000, 40
05 216000000, 216 **06** 35, 142
07 6, 384 **08** 94 cm²
09 96 cm² **10** 208 cm²

133~135쪽 단원평가 1회 Ⓐ 난이도 풀이는 44쪽에

01 7, 840 **02** 7, 5, 214 **03** 64 cm²
04 384 cm² **05** 6, 6, 6, 216
06 1, 1 세제곱미터 **07** 94
08 324 cm² **09** 24 cm² **10** 3000000
11 민우 **12** 24, 24 **13** 1980 cm³
14 125 cm³ **15** 96, 96000000
16 382 cm² **17** 726 cm², 1331 cm³
18 196배 **19** 8배 **20** 729 cm³

136~138쪽 단원평가 2회 Ⓐ 난이도 풀이는 44쪽에

01 가 **02** 4, 4, 52 **03** 3, 6, 54
04 높이, 8, 72
05 예

06 130 cm² **07** 36개, 36 cm³
08 0.12 **09** 248 cm², 240 cm³
10 96 cm², 64 cm³ **11** 48, 48000000
12 960 cm³ **13** 384 cm² **14** ㉮
15 ㉮ **16** 2.64 m³ **17** ㉡, ㉢, ㉣, ㉠
18 512 cm³ **19** 72 m² **20** 600 cm²

139~141쪽 단원평가 3회 Ⓑ 난이도 풀이는 45쪽에

01 48개, 45개 **02** 가 **03** ④
04 242 cm² **05** 6 ; 9, 9, 81, 81, 6, 486
06 150 cm² **07** 18 cm³ **08** 105 cm³
09 27 cm³ **10** = **11** 4.7
12 12.6, 12600000 **13** 608 cm²
14 768 cm³ **15** 1.1 m³ **16** 4
17 예 만들 수 있는 가장 큰 정육면체의 한 모서리의
길이는 5 cm입니다.
⇨ (정육면체의 부피)=5×5×5=125 (cm³)
; 125 cm³
18 216 cm³ **19** 216 cm² **20** 56장

142~144쪽 단원평가 4회 Ⓑ 난이도 풀이는 46쪽에

01 1 cm³, 1 세제곱센티미터 **02** 148
03 25, 150 **04** 48개, 48 cm³ **05** 1.7
06 640개 **07** 나 **08** 1496 cm³
09 343 cm³ **10** 276 cm² **11** 280 cm²
12 9×9×9=729, 729 cm³ **13** 0.63 m³
14 16 cm² **15** 54 cm³ **16** 진주
17 864 cm², 1728 cm³ **18** 나, 가, 다
19 5
20 예 세로를 □ cm라고 하면
6×□×4=72, □=3입니다.
따라서 겉넓이는
(6×3+3×4+6×4)×2=54×2=108 (cm²)
입니다. ; 108 cm²

01 나　　**02** 24 cm³　　**03** 37.5 cm²

04 672 cm³　　**05** 72 cm²　　**06** 1728 cm³

07 >　　**08** 120, 120000000

09 ㉡　　**10** 0.042 m³　　**11** 8 cm

12 2　　**13** 6　　**14** 27배

15 864 cm²　　**16** 720개

17 예 (직육면체의 겉넓이)

$= (6 \times 9 + 9 \times 12.6 + 6 \times 12.6) \times 2 = 486 \, (cm^2)$

겉넓이가 486 cm²인 정육면체의 한 면의 넓이는
$486 \div 6 = 81 \, (cm^2)$입니다. $9 \times 9 = 81$이므로 정육면체의 한 모서리의 길이는 9 cm입니다. ; 9 cm

18 448 cm³　　**19** 176 m²

20 예 큰 직육면체의 부피에서 구멍이 뚫린 직육면체의 부피를 뺍니다.

(큰 직육면체의 부피)$= 6 \times 6 \times 15 = 540 \, (cm^3)$

(구멍이 뚫린 직육면체의 부피)$= 2 \times 2 \times 15$
$= 60 \, (cm^3)$

따라서 입체도형의 부피는 $540 - 60 = 480 \, (cm^3)$
입니다. ; 480 cm³

01 ❶ 12개, 27개, 8개　❷ 다 상자

02 ❶ 1.5 m　❷ 2.7 m³

03 ❶ 24 cm², 36 cm², 54 cm²　❷ 228 cm²

04 ❶ 1936 cm², 1550 cm²　❷ 386 cm²

01 예 가 상자에는 지우개를 $3 \times 2 \times 4 = 24$(개) 담을 수 있습니다.

나 상자에는 지우개를 $3 \times 3 \times 3 = 27$(개) 담을 수 있습니다.

다 상자에는 지우개를 $2 \times 2 \times 5 = 20$(개) 담을 수 있습니다.

따라서 $27 > 24 > 20$이므로 부피가 가장 큰 상자는 나 상자입니다. ; 나 상자

02 예 50 cm = 0.5 m

⇨ (직육면체의 부피)$= 1.5 \times 1.2 \times 0.5 = 0.9 \, (m^3)$
; 0.9 m³

03 예 정리함의 가로는 5 cm, 세로는 8 cm, 높이는 10 cm입니다.

⇨ (겉넓이)$= (5 \times 10 + 8 \times 10 + 5 \times 8) \times 2$
$= 340 \, (cm^2)$
; 340 cm²

04 예 (2호 상자의 겉넓이)
$= (27 \times 18 + 18 \times 15 + 27 \times 15) \times 2$
$= 1161 \times 2 = 2322 \, (cm^2)$

(3호 상자의 겉넓이)
$= (34 \times 25 + 25 \times 21 + 34 \times 21) \times 2$
$= 2089 \times 2 = 4178 \, (cm^2)$

따라서 3호 상자는 2호 상자보다 겉넓이가
$4178 - 2322 = 1856 \, (cm^2)$ 더 넓습니다.
; 1856 cm²

01 120 cm³

02 ㉢

03 36 m³

04 52 cm²

05 ⑤

정답 및 풀이

3쪽 쪽지시험 1회

01 (예) 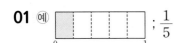 ; $\frac{1}{5}$

02 (예) 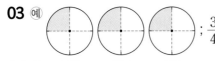 ; $\frac{3}{5}$

03 (예) 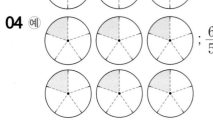 ; $\frac{3}{4}$

04 (예) ; $\frac{6}{5}$

05 1, 1, 1, 1, 5 **06** 1, 1, 1, 1, 9

07 $\frac{1}{6}$ **08** $\frac{8}{9}$ **09** $\frac{12}{5}\left(=2\frac{2}{5}\right)$

10 $\frac{13}{9}\left(=1\frac{4}{9}\right)$

---

03 각각의 원에 1칸씩 색칠되어 있거나 한 원에만 3칸 색칠되어 있는 경우도 정답으로 인정합니다.

04 각각의 원에 1칸씩 색칠되어 있거나 전체에 6칸 색칠되어 있는 경우에도 정답으로 인정합니다.

4쪽 쪽지시험 2회

01 2, 2 **02** 10, 2, 5 **03** 9, 3, $\frac{3}{14}$

04 15, 3 **05** 28, 4, 7 **06** $\frac{2}{7}$

07 $\frac{3}{10}$ **08** $\frac{5}{18}$ **09** $\frac{2}{13}$

10 $\frac{3}{28}$

---

04 분자가 자연수의 배수가 아니므로 $\frac{3}{7}$과 크기가 같은 분수 중에서 3이 5의 배수가 되는 분수로 바꾸어 계산합니다.

5쪽 쪽지시험 3회

01 $\frac{1}{3}, \frac{4}{45}$ **02** $\frac{1}{9}, \frac{3}{45}\left(=\frac{1}{15}\right)$

03 $\frac{1}{2}, \frac{3}{16}$ **04** $\frac{1}{8}, \frac{9}{40}$ **05** $\frac{1}{5}, \frac{13}{30}$

06 $\frac{5}{9} \times \frac{1}{3} = \frac{5}{27}$ **07** $\frac{7}{8} \times \frac{1}{5} = \frac{7}{40}$

08 $\frac{6}{13} \times \frac{1}{7} = \frac{6}{91}$ **09** $\frac{6}{5} \times \frac{1}{8} = \frac{6}{40}\left(=\frac{3}{20}\right)$

10 $\frac{10}{7} \times \frac{1}{8} = \frac{10}{56}\left(=\frac{5}{28}\right)$

6쪽 쪽지시험 4회

01 16, 2 **02** 38, 19 **03** 11, 11, $\frac{1}{5}$, 11

04 56, 56, $\frac{1}{4}$, $1\frac{20}{36}\left(=1\frac{5}{9}\right)$

05 43, 43, $\frac{1}{5}, \frac{43}{50}$ **06** $\frac{3}{4}$

07 $\frac{5}{8}$ **08** $\frac{15}{56}$ **09** $\frac{7}{8}$

10 $\frac{3}{5}$

7~9쪽 단원평가 1회 Ⓐ 난이도

01 (예) 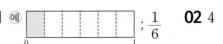 ; $\frac{1}{6}$ **02** 4

03 9 **04** $\frac{1}{2}, \frac{4}{10}$ **05** 2, 2, $\frac{13}{18}$

06 4, 4, 4, 4, 9 **07** 15, $\frac{5}{24}$ **08** $\frac{3}{7}$

09 8, 2, $\frac{4}{5}$ **10** ( )(○) **11** 9, 36, $\frac{5}{12}$

12 3, $\frac{5}{8}$ **13** $\frac{3}{32}$ **14** $\frac{9}{5}\left(=1\frac{4}{5}\right)$

15 $\frac{25}{7}\left(=3\frac{4}{7}\right)$ **16** $\frac{8}{5}\left(=1\frac{3}{5}\right)$

17 $\frac{5}{3} \div 5$에 ○표 **18** 2, 3, 2, $\frac{1}{3}$, $\frac{2}{3}$

19 $\frac{7}{10} \div 8 = \frac{7}{10} \times \frac{1}{8} = \frac{7}{80}$ **20** $\frac{4}{5}$ m

05 ▲÷2의 몫은 ▲를 2등분 한 것 중의 하나라는 의미입니다.

즉 ▲의 $\frac{1}{2}$과 같으므로 $\frac{13}{9}÷2=\frac{13}{9}×\frac{1}{2}$입니다.

09 $1\frac{3}{5}$은 $\frac{1}{5}$이 8개이므로 8을 2로 나누어 계산합니다.

$$\Rightarrow 1\frac{3}{5}÷2=\frac{8}{5}÷2=\frac{8÷2}{5}=\frac{4}{5}$$

13 $\frac{9}{16}÷6=\frac{\overset{3}{\cancel{9}}}{16}×\frac{1}{\underset{2}{\cancel{6}}}=\frac{3}{32}$

14 $7\frac{1}{5}÷4=\frac{\overset{9}{\cancel{36}}}{5}×\frac{1}{\underset{1}{\cancel{4}}}=\frac{9}{5}\left(=1\frac{4}{5}\right)$

16 $12\frac{4}{5}>8 \Rightarrow 12\frac{4}{5}÷8=\frac{\overset{8}{\cancel{64}}}{5}×\frac{1}{\underset{1}{\cancel{8}}}=\frac{8}{5}\left(=1\frac{3}{5}\right)$

17 $\frac{5}{8}÷5=\frac{\overset{1}{\cancel{5}}}{8}×\frac{1}{\underset{1}{\cancel{5}}}=\frac{1}{8}$, $\frac{5}{3}÷5=\frac{\overset{1}{\cancel{5}}}{3}×\frac{1}{\underset{1}{\cancel{5}}}=\frac{1}{3}$,

$\frac{1}{4}÷2=\frac{1}{4}×\frac{1}{2}=\frac{1}{8}$

10~12쪽 **단원평가 2회** Ⓐ 난이도

01 $\frac{4}{5}$

02 $\frac{1}{2}$; $\frac{1}{2}$, 2, $\frac{3}{10}$

03 $\frac{5}{7}$

04 $\frac{13}{6}\left(=2\frac{1}{6}\right)$

05 8, 2

06 35, 35, 7

07 3, 5

08 11, 11, 4, $\frac{11}{20}$

09 13

10 $\frac{4}{27}$

11 $\frac{4}{5}$

12 $\frac{6}{25}$

13 ④

14 $\frac{16}{21}$

15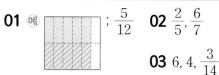

16 $\frac{9}{7}\left(=1\frac{2}{7}\right)$

17 <

18 $\frac{2}{9}$ L

19 $\frac{4}{3}\left(=1\frac{1}{3}\right)$ kg

20 $2\frac{2}{5}÷3=\frac{4}{5}$; $\frac{4}{5}$ m

01 색칠한 부분은 $\frac{1}{5}$이 4칸이므로 막대 하나의 $\frac{4}{5}$와 같습니다. $\Rightarrow 4÷5=\frac{4}{5}$

09 $8÷\square=8×\frac{1}{\square}=8×\frac{1}{13}$

따라서 $\square$ 안에 알맞은 수는 13입니다.

13 ④ $\frac{5}{9}÷10=\frac{5}{9}×\frac{1}{10}=\frac{5}{90}\left(=\frac{1}{18}\right)$

15 $\frac{7}{4}÷3=\frac{7}{4}×\frac{1}{3}=\frac{7}{12}$,

$2\frac{5}{8}÷6=\frac{\overset{7}{\cancel{21}}}{8}×\frac{1}{\underset{2}{\cancel{6}}}=\frac{7}{16}$

16 $\frac{27}{7}=3\frac{6}{7}$이므로 $3<3\frac{6}{7}$입니다.

$$\Rightarrow \frac{27}{7}÷3=\frac{\overset{9}{\cancel{27}}}{7}×\frac{1}{\underset{1}{\cancel{3}}}=\frac{9}{7}\left(=1\frac{2}{7}\right)$$

17 $2\frac{5}{8}÷7=\frac{\overset{3}{\cancel{21}}}{8}×\frac{1}{\underset{1}{\cancel{7}}}=\frac{3}{8} \Rightarrow \frac{3}{8}<1$

18 (전체 우유의 양)÷(사람 수)

$=\frac{8}{9}÷4=\frac{\overset{2}{\cancel{8}}}{9}×\frac{1}{\underset{1}{\cancel{4}}}=\frac{2}{9}$ (L)

19 (전체 설탕의 양)÷(봉지의 수)

$=8÷6=\frac{8}{6}=\frac{4}{3}\left(=1\frac{1}{3}\right)$ (kg)

20 $2\frac{2}{5}÷3=\frac{\overset{4}{\cancel{12}}}{5}×\frac{1}{\underset{1}{\cancel{3}}}=\frac{4}{5}$ (m)

13~15쪽 **단원평가 3회** Ⓑ 난이도

01 예 ; $\frac{5}{12}$

02 $\frac{2}{5}$, $\frac{6}{7}$

03 6, 4, $\frac{3}{14}$

04 $\frac{1}{35}$, $\frac{3}{50}$

05 $\frac{10}{99}$

06 $\frac{7}{20}$

07 9, 9, $\frac{1}{3}$, $\frac{3}{4}$

08 24, 24, 5, $\frac{24}{35}$

09 $\frac{7}{8}$

10 $\frac{9}{10}$

11 $2\frac{2}{3}÷4=\frac{8}{3}÷4=\frac{\overset{2}{\cancel{8}}}{3}×\frac{1}{\underset{1}{\cancel{4}}}=\frac{2}{3}$

12 $\frac{5}{16}$

13 ·

14 $\frac{16}{25}$, $\frac{4}{25}$

15 (○)( )

16 $\dfrac{6}{11}$ m   **17** $\dfrac{3}{5}$ L   **18** 1, 2, 3

19 $\dfrac{4}{7}$, 5, $\dfrac{4}{35}$ $\left($또는 $\dfrac{4}{5}$, 7, $\dfrac{4}{35}\right)$

20 예 (전체 보리의 양)÷(봉지 수)

$$= 2\dfrac{9}{13} \div 4 = \dfrac{35}{13} \times \dfrac{1}{4} = \dfrac{35}{52}\,(\text{kg})\ ;\ \dfrac{35}{52}\,\text{kg}$$

13 $\dfrac{9}{5} \div 6 = \dfrac{\overset{3}{\cancel{9}}}{5} \times \dfrac{1}{\underset{2}{\cancel{6}}} = \dfrac{3}{10}$, $\dfrac{5}{4} \div 2 = \dfrac{5}{4} \times \dfrac{1}{2} = \dfrac{5}{8}$,

$\dfrac{15}{4} \div 10 = \dfrac{\overset{3}{\cancel{15}}}{4} \times \dfrac{1}{\underset{2}{\cancel{10}}} = \dfrac{3}{8}$,

$\dfrac{12}{5} \div 8 = \dfrac{\overset{3}{\cancel{12}}}{5} \times \dfrac{1}{\underset{2}{\cancel{8}}} = \dfrac{3}{10}$, $\dfrac{35}{8} \div 7 = \dfrac{\overset{5}{\cancel{35}}}{8} \times \dfrac{1}{\underset{1}{\cancel{7}}} = \dfrac{5}{8}$

15 $\dfrac{5}{6} \div 10 = \dfrac{\overset{1}{\cancel{5}}}{6} \times \dfrac{1}{\underset{2}{\cancel{10}}} = \dfrac{1}{12}$, $\dfrac{4}{9} \div 8 = \dfrac{\overset{1}{\cancel{4}}}{9} \times \dfrac{1}{\underset{2}{\cancel{8}}} = \dfrac{1}{18}$

단위분수는 분자가 같으므로 분모가 작을수록 더 큽니다. ⇨ $\dfrac{1}{12} > \dfrac{1}{18}$

17 일주일은 7일입니다.

⇨ $4\dfrac{1}{5} \div 7 = \dfrac{\overset{3}{\cancel{21}}}{5} \times \dfrac{1}{\underset{1}{\cancel{7}}} = \dfrac{3}{5}$ (L)

18 $2\dfrac{2}{3} \div 6 = \dfrac{\overset{4}{\cancel{8}}}{3} \times \dfrac{1}{\underset{3}{\cancel{6}}} = \dfrac{4}{9}$

$\dfrac{\square}{9} < \dfrac{4}{9}$이므로 □ 안에 들어갈 수 있는 자연수는 1, 2, 3입니다.

19 계산 결과가 가장 작은 나눗셈식을 만들려면 계산 결과의 분모가 커지도록 식을 만들어야 합니다. 나누는 수가 자연수인 경우 나누어지는 수의 분모와 곱해지기 때문에 $\dfrac{4}{7} \div 5$또는 $\dfrac{4}{5} \div 7$을 만들 수 있습니다.

$\dfrac{4}{7} \div 5 = \dfrac{4}{7} \times \dfrac{1}{5} = \dfrac{4}{35}$

또는 $\dfrac{4}{5} \div 7 = \dfrac{4}{5} \times \dfrac{1}{7} = \dfrac{4}{35}$

---

01 $\dfrac{9}{13}$ **02** ①   **03** (선 잇기)

04 35, 7, 5   **05** 21, $\dfrac{1}{3}$, $\dfrac{7}{4}$ $\left(= 1\dfrac{3}{4}\right)$

06 $\dfrac{4}{45}$ **07** $\dfrac{4}{35}$ **08** $\dfrac{23}{50}$

09 $\dfrac{3}{8}$ **10** $\dfrac{17}{24}$ **11** $\dfrac{38}{27}\left(= 1\dfrac{11}{27}\right)$

12 $\dfrac{17}{10}\left(= 1\dfrac{7}{10}\right)$ **13** <

14 $\dfrac{13}{8}\left(= 1\dfrac{5}{8}\right)$ cm²   **15** $\dfrac{9}{16}$ **16** ㉣

17 예 (직사각형의 넓이)=(가로)×(세로)

⇨ (세로)=(직사각형의 넓이)÷(가로)

$$= 30\dfrac{1}{3} \div 7 = \dfrac{\overset{13}{\cancel{91}}}{3} \times \dfrac{1}{\underset{1}{\cancel{7}}}$$

$$= \dfrac{13}{3}\left(= 4\dfrac{1}{3}\right)(\text{m})$$

$;\ \dfrac{13}{3}\left(= 4\dfrac{1}{3}\right)$ m

18 $\dfrac{15}{14}\left(= 1\dfrac{1}{14}\right)$ m   **19** $\dfrac{8}{5}\left(= 1\dfrac{3}{5}\right)$ m²

20 $\dfrac{5}{8}$ L

---

12 $\dfrac{31}{5} = 6\dfrac{1}{5}$이므로 $6\dfrac{4}{5} > \dfrac{31}{5} > 4$입니다.

⇨ $6\dfrac{4}{5} \div 4 = \dfrac{\overset{17}{\cancel{34}}}{5} \times \dfrac{1}{\underset{2}{\cancel{4}}} = \dfrac{17}{10}\left(= 1\dfrac{7}{10}\right)$

13 $2\dfrac{2}{3} \div 6 = \dfrac{\overset{4}{\cancel{8}}}{3} \times \dfrac{1}{\underset{3}{\cancel{6}}} = \dfrac{4}{9}$

$7\dfrac{4}{5} \div 3 = \dfrac{\overset{13}{\cancel{39}}}{5} \times \dfrac{1}{\underset{1}{\cancel{3}}} = \dfrac{13}{5} = 2\dfrac{3}{5}$

⇨ $\dfrac{4}{9} < 2\dfrac{3}{5}$

14 색칠한 부분은 8등분 한 것 중의 하나이므로

$13 \div 8 = 13 \times \dfrac{1}{8} = \dfrac{13}{8}\left(= 1\dfrac{5}{8}\right)(\text{cm}^2)$입니다.

15 $\square \times 6 = 3\dfrac{3}{8}$ ⇨ $\square = 3\dfrac{3}{8} \div 6$,

$\square = 3\dfrac{3}{8} \div 6 = \dfrac{\overset{9}{\cancel{27}}}{8} \times \dfrac{1}{\underset{2}{\cancel{6}}} = \dfrac{9}{16}$

16

$\bigcirc$ $\dfrac{4}{7} \div 12 = \dfrac{\overset{1}{\cancel{4}}}{7} \times \dfrac{1}{\underset{3}{\cancel{12}}} = \dfrac{1}{21}$

$\bigcirc$ $\dfrac{27}{5} \div 6 = \dfrac{\overset{9}{\cancel{27}}}{5} \times \dfrac{1}{\underset{2}{\cancel{6}}} = \dfrac{9}{10}$

$\bigcirc$ $\dfrac{5}{7} \times 14 \div 20 = \dfrac{\overset{1}{\cancel{5}}}{7} \times \overset{\overset{1}{\cancel{2}}}{\cancel{14}} \times \dfrac{1}{\underset{2}{\cancel{20}}} = \dfrac{1}{2}$

$\bigcirc$ $4\dfrac{7}{8} \div 6 \times 4 = \dfrac{\overset{13}{\cancel{39}}}{\underset{2}{\cancel{8}}} \times \dfrac{1}{\underset{2}{\cancel{6}}} \times \cancel{4} = \dfrac{13}{4}\left(=3\dfrac{1}{4}\right)$

18 (전체 철사의 길이)÷(모둠 수)

$= \dfrac{30}{7} \div 4 = \dfrac{\overset{15}{\cancel{30}}}{7} \times \dfrac{1}{\underset{2}{\cancel{4}}} = \dfrac{15}{14}\left(=1\dfrac{1}{14}\right)$ (m)

19 (페인트 한 통으로 칠한 벽면의 넓이)

$= 14\dfrac{2}{5} \div 9 = \dfrac{\overset{8}{\cancel{72}}}{5} \times \dfrac{1}{\underset{1}{\cancel{9}}} = \dfrac{8}{5}\left(=1\dfrac{3}{5}\right)$ (m²)

20 (한 병에 들어 있는 식용유의 양)

$= 9\dfrac{3}{8} \div 5 = \dfrac{\overset{15}{\cancel{75}}}{8} \times \dfrac{1}{\underset{1}{\cancel{5}}} = \dfrac{15}{8}\left(=1\dfrac{7}{8}\right)$ (L)

(하루에 사용해야 하는 식용유의 양)

$= 1\dfrac{7}{8} \div 3 = \dfrac{\overset{5}{\cancel{15}}}{8} \times \dfrac{1}{\underset{1}{\cancel{3}}} = \dfrac{5}{8}$ (L)

01 $\dfrac{7}{15}$　　**02** $\dfrac{13}{5}\left(=2\dfrac{3}{5}\right)$

03 $\dfrac{7}{117}$　　**04** $\dfrac{3}{26}$　　**05** ⑤

06 $\dfrac{4}{9}$　　**07** $\dfrac{6}{7}$　　**08** $\dfrac{1}{8}$

09 $\dfrac{7}{5}\left(=1\dfrac{2}{5}\right)$　**10** $\dfrac{23}{9}\left(=2\dfrac{5}{9}\right)$　**11** ⓒ, ⓐ, ⓑ

12 $\dfrac{7}{11}$ m　　**13** $\dfrac{1}{3}$　　**14** 1, 2, 3, 4

---

15 예 밑변의 길이가 8 cm일 때 높이는 □ cm이므로

$8 \times \square = 21\dfrac{5}{9}$, $\square = 21\dfrac{5}{9} \div 8$입니다.

$\Rightarrow \square = 21\dfrac{5}{9} \div 8 = \dfrac{\overset{97}{\cancel{194}}}{9} \times \dfrac{1}{\underset{4}{\cancel{8}}} = \dfrac{97}{36}\left(=2\dfrac{25}{36}\right)$

$; \dfrac{97}{36}\left(=2\dfrac{25}{36}\right)$ cm

16 $\dfrac{1}{10}$ m　　**17** $\dfrac{6}{7}$　　**18** $\dfrac{44}{9}\left(=4\dfrac{8}{9}\right)$ cm²

19 $\dfrac{4}{7}$, 9, $\dfrac{4}{63}\left(또는 \dfrac{4}{9}, 7, \dfrac{4}{63}\right)$

20 예 (이틀 동안 산 쌀의 양)

$= 3\dfrac{3}{8} + 3\dfrac{3}{4} = 3\dfrac{3}{8} + 3\dfrac{6}{8} = 6\dfrac{9}{8} = 7\dfrac{1}{8}$ (kg)

(한 가정이 받은 쌀의 양)

$= 7\dfrac{1}{8} \div 6 = \dfrac{\overset{19}{\cancel{57}}}{8} \times \dfrac{1}{\underset{2}{\cancel{6}}} = \dfrac{19}{16}\left(=1\dfrac{3}{16}\right)$ (kg)

$; \dfrac{19}{16}\left(=1\dfrac{3}{16}\right)$ kg

12 정사각형은 네 변의 길이가 모두 같습니다.

$\Rightarrow$ (한 변의 길이) $= 2\dfrac{6}{11} \div 4 = \dfrac{\overset{7}{\cancel{28}}}{11} \times \dfrac{1}{\underset{1}{\cancel{4}}} = \dfrac{7}{11}$ (m)

13 $6\dfrac{2}{3} \div 4 = \dfrac{\overset{5}{\cancel{20}}}{3} \times \dfrac{1}{\underset{1}{\cancel{4}}} = \dfrac{5}{3} = 1\dfrac{2}{3}$

$\square \times 5 = 1\dfrac{2}{3} \Rightarrow \square = 1\dfrac{2}{3} \div 5 = \dfrac{\overset{1}{\cancel{5}}}{3} \times \dfrac{1}{\underset{1}{\cancel{5}}} = \dfrac{1}{3}$

14 $1\dfrac{4}{6} \div 2 = \dfrac{\overset{5}{\cancel{10}}}{6} \times \dfrac{1}{\underset{1}{\cancel{2}}} = \dfrac{5}{6}$

$\dfrac{\square}{6} < \dfrac{5}{6}$이므로 $\square < 5$이어야 합니다.

따라서 □ 안에 들어갈 수 있는 자연수는 1, 2, 3, 4입니다.

16 (정삼각형 1개의 둘레)

$= \dfrac{9}{10} \div 3 = \dfrac{9 \div 3}{10} = \dfrac{3}{10}$ (m)

$\Rightarrow$ (정삼각형의 한 변의 길이)

$= \dfrac{3}{10} \div 3 = \dfrac{3 \div 3}{10} = \dfrac{1}{10}$ (m)

17 어떤 수를 □라 하면 □×7=42,

□=42÷7=6입니다.

따라서 바르게 계산하면 $6 \div 7 = \dfrac{6}{7}$입니다.

18 색칠한 부분은 전체를 똑같이 6으로 나눈 것 중의 4입니다.

$7\dfrac{3}{9} \div 6 \times 4 = \dfrac{\overset{11}{66}}{9} \times \dfrac{1}{\underset{1}{6}} \times 4 = \dfrac{44}{9}\left(=4\dfrac{8}{9}\right)(\text{cm}^2)$

19 계산 결과가 가장 작은 나눗셈식은

$\dfrac{4}{7} \div 9$ 또는 $\dfrac{4}{9} \div 7$입니다.

$\dfrac{4}{7} \div 9 = \dfrac{4}{7} \times \dfrac{1}{9} = \dfrac{4}{63}$

또는 $\dfrac{4}{9} \div 7 = \dfrac{4}{9} \times \dfrac{1}{7} = \dfrac{4}{63}$

22~23쪽 단계별로 연습하는 **서술형평가**

01 ❶ 예 ÷7을 분수의 곱셈으로 바꾸어 $\times\dfrac{1}{7}$을 해야 하는데 ×7을 하였으므로 틀렸습니다.

❷ $\dfrac{21}{8} \div 7 = \dfrac{\overset{3}{21}}{8} \times \dfrac{1}{\underset{1}{7}} = \dfrac{3}{8}$; $\dfrac{3}{8}$ m

02 ❶ $\dfrac{\overset{2}{4}}{5} \times \dfrac{1}{\underset{1}{2}} = \dfrac{2}{5}$; $\dfrac{2}{5}$ m

❷ $\dfrac{2}{5}$, $\dfrac{2}{5}$, 3, $\dfrac{2}{15}$; $\dfrac{2}{15}$ m

03 ❶ $\square-4=3\dfrac{1}{3}$ **❷** $7\dfrac{1}{3}$ **❸** $\dfrac{11}{6}\left(=1\dfrac{5}{6}\right)$

04 ❶ $\dfrac{16}{3}\left(=5\dfrac{1}{3}\right)\text{m}^2$ **❷** $\dfrac{21}{4}\left(=5\dfrac{1}{4}\right)\text{m}^2$

❸ 지민이네 모둠

03 ❷ $\square-4=3\dfrac{1}{3} \Rightarrow \square=3\dfrac{1}{3}+4=7\dfrac{1}{3}$

❸ $7\dfrac{1}{3} \div 4 = \dfrac{\overset{11}{22}}{3} \times \dfrac{1}{\underset{2}{4}} = \dfrac{11}{6}\left(=1\dfrac{5}{6}\right)$

04 ❶ $16 \div 3 = \dfrac{16}{3}\left(=5\dfrac{1}{3}\right)(\text{m}^2)$

❷ $21 \div 4 = \dfrac{21}{4}\left(=5\dfrac{1}{4}\right)(\text{m}^2)$

❸ $5\dfrac{1}{3} > 5\dfrac{1}{4}$이므로 지민이네 모둠이 상추를 심을 텃밭이 더 넓습니다.

24~25쪽 풀이 과정을 직접 쓰는 **서술형평가**

01 예 ÷6을 분수의 곱셈으로 바꾸어 $\times\dfrac{1}{6}$을 해야 하는데 ×6을 했으므로 틀렸습니다.

바르게 계산하면 $4\dfrac{4}{5} \div 6 = \dfrac{\overset{4}{24}}{5} \times \dfrac{1}{\underset{1}{6}} = \dfrac{4}{5}(\text{kg})$

입니다. ; $\dfrac{4}{5}$ kg

02 예 색칠한 부분은 전체를 8등분 한 것 중의 2입니다.

(색칠한 부분 중 1개의 넓이)

$= 4\dfrac{8}{9} \div 8 = \dfrac{\overset{11}{44}}{9} \times \dfrac{1}{\underset{2}{8}} = \dfrac{11}{18}(\text{m}^2)$

(색칠한 부분의 넓이)

$= \dfrac{11}{\underset{9}{18}} \times \overset{1}{2} = \dfrac{11}{9}\left(=1\dfrac{2}{9}\right)(\text{m}^2)$

; $\dfrac{11}{9}\left(=1\dfrac{2}{9}\right)\text{m}^2$

03 예 어떤 수를 □라 하면 $\square+6=8\dfrac{1}{7}$입니다.

$\square=8\dfrac{1}{7}-6=2\dfrac{1}{7}$이므로 바르게 계산한 값은

$2\dfrac{1}{7} \div 6 = \dfrac{\overset{5}{15}}{7} \times \dfrac{1}{\underset{2}{6}} = \dfrac{5}{14}$입니다. ; $\dfrac{5}{14}$

04 예 윤주네 모둠 4명이 3 L의 주스를 나누어 마셨으므로 한 사람이 마신 주스의 양은

$3 \div 4 = \dfrac{3}{4}(\text{L})$입니다.

민우네 모둠 5명이 6 L의 주스를 나누어 마셨으므로 한 사람이 마신 주스의 양은

$6 \div 5 = \dfrac{6}{5}\left(=1\dfrac{1}{5}\right)(\text{L})$입니다.

$\dfrac{3}{4} < 1\dfrac{1}{5}$이므로 민우네 모둠이 한 사람이 마신 주스의 양이 더 많습니다. ; 민우네 모둠

03

배점	채점기준
상	어떤 수를 구하여 바르게 계산한 값을 구함
중	어떤 수는 구했으나 바르게 계산한 값을 잘못 구함
하	문제를 전혀 해결하지 못함

04

배점	채점기준
상	윤주네 모둠과 민우네 모둠에서 한 사람이 마신 주스의 양을 각각 구하여 답을 바르게 구함
중	풀이 과정이 부족하지만 답은 맞음
하	문제를 전혀 해결하지 못함

26쪽 밀크티 성취도평가 **오답 베스트 5**

01 $\dfrac{5}{32}$ kg   **02** ⓒ   **03** ③

04 5개   **05** $\dfrac{7}{13}$ kg

01 (피자 한 조각의 무게)

$$=1\frac{1}{4}\div 8=\frac{5}{4}\div 8=\frac{5}{4}\times\frac{1}{8}=\frac{5}{32}\ (kg)$$

02 ㉠ $\dfrac{5}{2}\div 5=\dfrac{5\div 5}{2}=\dfrac{1}{2}$

ⓒ $\dfrac{7}{4}\div 7=\dfrac{7\div 7}{4}=\dfrac{1}{4}$

ⓒ $\dfrac{7}{8}\div 2=\dfrac{7}{8}\times\dfrac{1}{2}=\dfrac{7}{16}$

⇨ $\dfrac{1}{4}\left(=\dfrac{4}{16}\right)<\dfrac{7}{16}<\dfrac{1}{2}\left(=\dfrac{8}{16}\right)$

03 높이를 □ cm라고 하면 8×□=26입니다.

⇨ □$=26\div 8=\dfrac{26}{8}=\dfrac{13}{4}=3\dfrac{1}{4}$

04 $3\dfrac{2}{7}\div 5=\dfrac{23}{7}\div 5=\dfrac{23}{7}\times\dfrac{1}{5}=\dfrac{23}{35}$

$\dfrac{76}{5}\div 3=\dfrac{76}{5}\times\dfrac{1}{3}=\dfrac{76}{15}=5\dfrac{1}{15}$

따라서 □ 안에 들어갈 수 있는 자연수는 1, 2, 3, 4, 5로 모두 5개입니다.

05 (전체 쌀의 양)$=\dfrac{7}{\cancel{4}}\times\cancel{4}=7\ (kg)$

⇨ 쌀을 13명이 나누어 가지면 한 사람이 쌀을

$7\div 13=\dfrac{7}{13}\ (kg)$ 가질 수 있습니다.

---

2 **각기둥과 각뿔**

29쪽 **쪽지시험** 1회

01 나, 라, 바   **02**   **03** 옆면

04 사각기둥   **05** 오각기둥   **06** 직사각형

07 6 cm   **08** ②, ⑤   **09** 10개

10 육각기둥

01 서로 평행한 두 면이 있고 그 두 면이 합동인 다각형으로 이루어진 입체도형을 찾습니다.

04 밑면의 모양이 사각형이므로 사각기둥의 전개도입니다.

09 모서리와 모서리가 만나는 점은 꼭짓점이므로 모두 10개입니다.

10 밑면이 육각형이고 옆면이 직사각형이므로 육각기둥의 전개도입니다.

30쪽 **쪽지시험** 2회

01 육각형   **02** 육각뿔   **03** 6개

04 12개   **05** ③, ④   **06** 8개

07 5개   **08** 5 cm   **09** (위부터) 8, 4

10 6, 6, 10

02 밑면의 모양이 육각형이므로 육각뿔입니다.

03 옆면은 삼각형으로 모두 6개입니다.

04 면과 면이 만나는 선분은 모두 12개입니다.

05 ① 옆면이 4개이어야 합니다.

② 밑면이 2개이어야 합니다.

⑤ 합동인 밑면이 2개이어야 합니다.

06 면과 면이 만나는 선분은 모두 8개입니다.

07 모서리와 모서리가 만나는 점은 모두 5개입니다.

08 각뿔의 꼭짓점에서 밑면에 수직인 선분의 길이를 높이라 합니다.

09 전개도를 접었을 때 만나는 모서리의 길이는 같습니다.

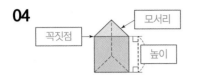

01 ⑤   **02** 가, 나, 다, 바   **03** 나, 다

04

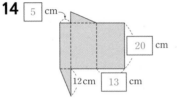

05 ④

06 칠각형, 칠각기둥   **07** 오각뿔

08 17 cm   **09** 전개도   **10** 15 cm

11 면 ㄱㄴㄷㄹㅁ, 면 ㅂㅅㅇㅈㅊ   **12** 9개

13 삼각기둥   **14**

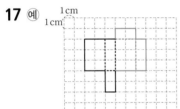

15 8, 6, 12

16 7, 7, 12

17 예

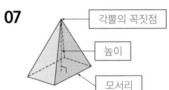

18 선분 ㅋㅊ   **19** 점 ㄹ, 점 ㅊ   **20** ㉢

---

03 바는 두 면이 서로 평행한 다각형이지만 합동이 아닙니다.

06 밑면의 모양이 칠각형인 각기둥이므로 칠각기둥 입니다.

07 밑면의 모양이 오각형인 각뿔이므로 오각뿔입니다.

08 두 밑면 사이의 거리는 17 cm입니다.

11 서로 평행하고 합동인 두 면은 면 ㄱㄴㄷㅁ, 면 ㅂㅅㅇㅈㅊ입니다.

12 면과 면이 만나는 선분은 모서리이고 삼각기둥 의 모서리는 모두 9개입니다.

13 밑면의 모양이 삼각형이고 옆면의 모양이 직사 각형이므로 삼각기둥의 전개도입니다.

15 (각기둥의 꼭짓점의 수)=(한 밑면의 변의 수)×2
$$=4×2=8(개)$$
(각기둥의 면의 수)=(한 밑면의 변의 수)+2
$$=4+2=6(개)$$
(각기둥의 모서리의 수)=(한 밑면의 변의 수)×3
$$=4×3=12(개)$$

16 (각뿔의 꼭짓점의 수)=(밑면의 변의 수)+1
$$=6+1=7(개)$$
(각뿔의 면의 수)=(밑면의 변의 수)+1
$$=6+1=7(개)$$
(각뿔의 모서리의 수)=(밑면의 변의 수)×2
$$=6×2=12(개)$$

17 잘린 모서리는 실선으로, 잘리지 않은 모서리는 점선으로 그립니다.

18 전개도를 접으면 점 ㄷ은 점 ㅋ과 만나고 점 ㄹ은 점 ㅊ과 만나므로 선분 ㄷㄹ과 만나는 선 분은 선분 ㅋㅊ입니다.

19 점 ㅂ과 만나는 점은 점 ㄹ, 점 ㅊ입니다.

20 ㉠ 15개 ㉡ 8개 ㉢ 18개 ㉣ 16개

01 가, 나, 라, 바   **02** 나, 바   **03** 라

04 육각기둥   **05** 5개   **06**

07

08

09 6개   **10** 6 cm

11 지현   **12** 8개

13 꼭짓점 ㄱ   **14** ㉠

15

16 오각기둥

17 (위부터) 8, 18 ; 4, 4

18 ㉡, ㉣

19 면 ㉤

20 15 cm

---

04 밑면의 모양이 육각형인 각기둥이므로 육각기 둥입니다.

05 밑면에 수직인 면은 옆면이므로 모두 5개입니다.

08 각뿔의 이름은 밑면의 모양에 따라 정해집니다. 밑면의 모양이 삼각형이면 삼각뿔, 오각형이면 오각뿔입니다.

09 꼭짓점 ㄱ, 꼭짓점 ㄴ, 꼭짓점 ㄷ, 꼭짓점 ㄹ, 꼭짓점 ㅁ, 꼭짓점 ㅂ ⇨ 6개

10 두 밑면 사이의 거리를 나타내는 선분이 높이이므로 6 cm입니다.

11 각뿔의 꼭짓점에서 밑면에 수직인 선분의 길이가 높이이므로 지현이가 바르게 잰 것입니다.

12 모서리 ㄱㄴ, 모서리 ㄱㄷ, 모서리 ㄱㄹ, 모서리 ㄱㅁ, 모서리 ㄴㄷ, 모서리 ㄷㄹ, 모서리 ㄹㅁ, 모서리 ㄴㅁ ⇨ 8개

13 옆면이 모두 만나는 점은 각뿔의 꼭짓점이므로 꼭짓점 ㄱ입니다.

14 ㄴ 밑면이 다각형이 아닙니다.
ㄷ 옆면인 직사각형이 한 밑면의 변의 수만큼 있어야 하는데 2개밖에 없습니다.

16 밑면의 모양이 오각형이고 옆면의 모양이 직사각형이므로 오각기둥의 전개도입니다.

17 • 육각기둥의 한 밑면의 변의 수는 6개이므로
(면의 수)＝6＋2＝8(개),
(모서리의 수)＝6×3＝18(개)
• 삼각뿔의 밑면의 변의 수는 3개이므로
(꼭짓점의 수)＝3＋1＝4(개),
(면의 수)＝3＋1＝4(개)

18 ㄱ 각뿔의 밑면은 1개입니다.
ㄷ 각기둥의 밑면은 다각형입니다.

19 전개도를 접었을 때 서로 평행한 면이 마주 보는 면입니다.

20 밑면의 모양이 삼각형인 삼각기둥의 전개도입니다.
한 밑면의 둘레는 삼각형의 세 변의 길이의 합과 같으므로 4＋5＋6＝15 (cm)입니다.

37~39쪽 **단원평가 3회** B 난이도

01 가, 다 **02** ④ **03** 3개
04 ②, ④ **05** 18개 **06** 6개
07 19개 **08** ② **09** ④
10 5개 **11** 사각기둥 **12** ㄹ
13 삼각뿔 **14** 7, 15, 10 **15** 18
16 14개

17 예

18 선분 ㅁㄹ **19** 9개

20 예 밑면의 모양이 팔각형이므로 팔각기둥입니다. 팔각형의 한 밑면의 변의 수는 8개이므로 꼭짓점은 모두 8×2＝16(개)입니다. ; 16개

05 육각형의 한 밑면의 변의 수는 6개입니다.
⇨ (육각기둥의 모서리의 수)＝6×3＝18(개)

06 오각뿔의 밑면의 변의 수는 5개입니다.
⇨ (오각뿔의 꼭짓점의 수)＝5＋1＝6(개)
꼭짓점: 모서리와 모서리가 만나는 점

07 육각뿔의 밑면의 변의 수는 6개입니다.
(모서리의 수)＝6×2＝12(개)
(꼭짓점의 수)＝6＋1＝7(개)
⇨ 12＋7＝19(개)

08 ② 각기둥의 밑면의 모양은 다각형입니다.

09 ①, ②는 각기둥에 대한 설명입니다.
⑤ 밑면의 모양에 따라 각뿔의 이름이 정해집니다.

10 면 ㄱㄴㄷㄹㅁ이 밑면인 오각기둥의 전개도입니다. 따라서 밑면에 수직인 면은 옆면이므로 모두 5개입니다.

11 밑면의 모양이 사각형이고 옆면의 모양이 직사각형이므로 사각기둥입니다.

12 각뿔의 옆면이 모두 만나는 점을 각뿔의 꼭짓점이라 합니다.

13 옆면의 모양이 삼각형이므로 각뿔이고 밑면의 모양도 삼각형이므로 삼각뿔입니다.

14 오각기둥의 한 밑면의 변의 수는 5개입니다.
(면의 수)＝5＋2＝7(개)
(모서리의 수)＝5×3＝15(개)
(꼭짓점의 수)＝5×2＝10(개)

정답 및 풀이 • 23

01 ❶ 밑면의 모양이 칠각형이므로 칠각기둥입니다.
❷ 칠각기둥의 한 밑면의 변의 수는 7개입니다.
⇨ (모서리의 수)=7×3=21(개)

02 ❶ 오각뿔이고 밑면의 변의 수는 5개입니다.
⇨ (꼭짓점의 수)=5+1=6(개)
❷ (모서리의 수)=(밑면의 변의 수)×2
=5×2=10(개)
❸ 10-6=4(개)

04 ❶ 전개도를 접었을 때 맞닿는 선분의 길이는 같습니다.

❷ ㉠+㉡+㉢=8+10+7=25

48~49쪽 풀이 과정을 직접 쓰는 **서술형평가**

01 예 밑면의 모양이 팔각형이므로 팔각뿔이고 밑면의 변의 수는 8개입니다.
(면의 수)=8+1=9(개)
(모서리의 수)=8×2=16(개)
⇨ 9+16=25(개) ; 25개

02 예 삼각기둥의 한 밑면의 변의 수는 3개입니다.
(면의 수)=3+2=5(개)
(꼭짓점의 수)=3×2=6(개)
⇨ 6-5=1(개) ; 1개

03 예 각기둥은 위와 아래에 있는 면이 서로 합동인데 주어진 도형은 합동이 아니므로 각기둥이 아닙니다. ; 예 각기둥은 옆면이 직사각형인데 주어진 도형은 직사각형이 아닙니다.

04 예 전개도를 접었을 때 맞닿는 선분의 길이는 같습니다. ㉠=5, ㉡=4, ㉢=7
따라서 ㉠+㉡-㉢=5+4-7=9-7=2입니다. ; 2

05 예 각기둥에서 옆면의 수는 한 밑면의 변의 수와 같으므로 육각기둥입니다. 또 한 밑면은 한 변이 15 cm인 정육각형이고 옆면끼리 만나는 모서리의 길이도 15 cm로 같습니다. 따라서 육각기둥의 모서리는 모두 6×3=18(개)이므로 모든 모서리의 길이의 합은 15×18=270 (cm)입니다. ; 270 cm

---

02

배점	채점기준
상	면의 수와 꼭짓점의 수의 차를 바르게 구함
중	풀이 과정이 부족하지만 답은 맞음
하	문제를 전혀 해결하지 못함

03

배점	채점기준
상	각기둥이 아닌 이유를 2가지 모두 바르게 씀
중	각기둥이 아닌 이유를 1가지만 바르게 씀
하	문제를 전혀 해결하지 못함

04

배점	채점기준
상	㉠, ㉡, ㉢의 값을 구하여 답을 바르게 구함
중	풀이 과정이 부족하지만 답은 맞음
하	문제를 전혀 해결하지 못함

05

배점	채점기준
상	각기둥의 이름을 알고 모든 모서리의 길이의 합을 바르게 구함
중	풀이 과정이 부족하지만 답은 맞음
하	문제를 전혀 해결하지 못함

50쪽 밀크티 성취도평가 **오답 베스트 5**

01 ㉢

02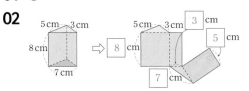

03 4개   **04** 12개   **05** 나

01 ㉠ 육각뿔의 꼭짓점의 수: 6+1=7(개)
㉡ 구각기둥의 면의 수: 9+2=11(개)
㉢ 사각기둥의 모서리의 수: 4×3=12(개)

03 라, 마, 사, 아 ⇨ 4개

04 밑면의 모양이 육각형이므로 육각뿔입니다.
(육각뿔의 모서리의 수)=6×2=12(개)

05 밑면이 사각형이고 옆으로 둘러싼 면이 모두 삼각형인 입체도형을 찾습니다. ⇨ 나

3 소수의 나눗셈

53쪽 쪽지시험 1회

01 11.4   **02** 1.14   **03** 424, 4.24

04 (위부터) 5, 7 ; 4 ; 22 ; 20 ; 28 ; 28

05 1.22   **06** 1.14   **07** 13.46

08 41.3   **09** 12.15   **10** ·

01
$$228 \div 2 = 114 \Rightarrow 22.8 \div 2 = 11.4$$
($\frac{1}{10}$ 배)

02
$$228 \div 2 = 114 \Rightarrow 2.28 \div 2 = 1.14$$
($\frac{1}{100}$ 배)

06
```
      1.1 4
9 ) 1 0.2 6
      9
      1 2
        9
        3 6
        3 6
          0
```

09
```
      1 2.1 5
3 ) 3 6.4 5
    3
    6
    6
      4
      3
      1 5
      1 5
        0
```

54쪽 쪽지시험 2회

01 34, 0.34   **02** 185, 1.85   **03** 2.75

04 6.32   **05** 0.27   **06** 0.9

07 0.84   **08** 3.65   **09** 9.76

10 ( )(○)

05
```
      0.2 7
4 ) 1.0 8
    8
    2 8
    2 8
      0
```

08
```
      3.6 5
8 ) 2 9.2 0
    2 4
    5 2
    4 8
      4 0
      4 0
        0
```

10
```
      3.1 5          3.3 5
4 ) 1 2.6 0      8 ) 2 6.8 0
    1 2              2 4
      6              2 8
      4              2 4
      2 0              4 0
      2 0              4 0
        0    ,          0
```

55쪽 쪽지시험 3회

01 $4.1 \div 2 = \dfrac{410}{100} \div 2 = \dfrac{410 \div 2}{100} = \dfrac{205}{100} = 2.05$

02 $4.24 \div 4 = \dfrac{424}{100} \div 4 = \dfrac{424 \div 4}{100} = \dfrac{106}{100} = 1.06$

03 $5.35 \div 5 = \dfrac{535}{100} \div 5 = \dfrac{535 \div 5}{100} = \dfrac{107}{100} = 1.07$

04 5.05   **05** 1.07

06 3.07   **07** 7.03   **08** 6.01

09 1.06   **10**
```
      1.0 8
3 ) 3.2 4
    3
    2 4
    2 4
      0
```

04
```
      5.0 5
4 ) 2 0.2 0
    2 0
    2 0
    2 0
      0
```

05
```
      1.0 7
6 ) 6.4 2
    6
    4 2
    4 2
      0
```

56쪽 쪽지시험 4회

01 $7 \div 2 = \dfrac{7}{2} = \dfrac{35}{10} = 3.5$ **02** $6 \div 5 = \dfrac{6}{5} = \dfrac{12}{10} = 1.2$

03 0.6   **04** 0.75   **05** 180, 5

06 8.25   **07** 5.5   **08** 1.4

09 5.6   **10** $82.8 \div 4 = 20.7$에 ○표

03
$$30 \div 5 = 6 \Rightarrow 3 \div 5 = 0.6$$
($\frac{1}{10}$ 배)

04
$$300 \div 4 = 75 \Rightarrow 3 \div 4 = 0.75$$
($\frac{1}{100}$ 배)

06
$$
\begin{array}{r}
8.25 \\
4\overline{)33.00} \\
\underline{32} \\
10 \\
\underline{8} \\
20 \\
\underline{20} \\
0
\end{array}
$$

08
$$
\begin{array}{r}
1.4 \\
5\overline{)7.0} \\
\underline{5} \\
20 \\
\underline{20} \\
0
\end{array}
$$

10 82.8÷4에서 82.8을 소수 첫째 자리에서 반올림하면 83입니다. 83÷4의 몫은 20보다 크고 21보다 작은 수이므로 82.8÷4=20.7입니다.

57~59쪽 단원평가 1회 ^A 난이도

01 544, 544, 68, 0.68   **02** 170, 170, 34, 3.4

03 2□.6□7

04 $28.84÷7=\dfrac{2884}{100}÷7=\dfrac{2884÷7}{100}=\dfrac{412}{100}=4.12$

05 4.35   **06** 3.06   **07** 0.36

08 9.85   **09** >   **10** =

11 12.5   **12** 1.25   **13** 2.46

14 244, 244, 24.4   **15** 48÷6

16
$$
\begin{array}{r}
3.05 \\
4\overline{)12.20} \\
\underline{12} \\
20 \\
\underline{20} \\
0
\end{array}
$$

17 3.24, 0.54

18 예 17, 예 4, 4□.3□2

19 1.4 kg

20 9.25 cm

02 17은 5로 나누어떨어지지 않으므로 17을 $\dfrac{170}{10}$ 으로 고쳐서 5로 나눕니다.

05
$$
\begin{array}{r}
4.35 \\
6\overline{)26.10} \\
\underline{24} \\
21 \\
\underline{18} \\
30 \\
\underline{30} \\
0
\end{array}
$$

06
$$
\begin{array}{r}
3.06 \\
3\overline{)9.18} \\
\underline{9} \\
18 \\
\underline{18} \\
0
\end{array}
$$

07
$$
\begin{array}{r}
0.36 \\
9\overline{)3.24} \\
\underline{27} \\
54 \\
\underline{54} \\
0
\end{array}
$$

09 4.32÷4=1.08, 3.18÷3=1.06
⇨ 1.08>1.06

10 1.59÷3=0.53, 2.12÷4=0.53

11 50은 500의 $\dfrac{1}{10}$ 배이므로 50÷4의 몫은 125의 $\dfrac{1}{10}$ 배인 12.5가 됩니다.

12 5는 500의 $\dfrac{1}{100}$ 배이므로 5÷4의 몫은 125의 $\dfrac{1}{100}$ 배인 12.5가 됩니다.

13
$$
\begin{array}{r}
2.46 \\
5\overline{)12.30} \\
\underline{10} \\
23 \\
\underline{20} \\
30 \\
\underline{30} \\
0
\end{array}
$$

16 소수 첫째 자리 계산의 2÷4를 계산할 수 없으므로 몫의 소수 첫째 자리에 0을 쓴 다음 계산합니다.

17 9.72÷3=3.24, 3.24÷6=0.54

18 소수를 자연수로 만들어 몫을 어림합니다.
17÷4는 몫이 4이고 나머지가 1입니다.
따라서 몫의 소수점을 4와 3 사이에 찍습니다.

19 (한 통에 담을 수 있는 소금의 양)
=4.2÷3=1.4 (kg)

20 정육각형은 6개의 변의 길이가 모두 같습니다.
(정육각형의 한 변의 길이)=55.5÷6=9.25 (cm)

60~62쪽 단원평가 2회 ^A 난이도

01 56, 56, 7, 0.7   **02** 3.4 ; 24 ; 24

03 5.14 ; 9 ; 7 ; 28 ; 28   **04** 0.35

05 0.34   **06** 0.26   **07** 1.54

08 6.16   **09** 1.26   **10**

11 >   **12** $7÷5=\dfrac{7}{5}=\dfrac{14}{10}=1.4$

13 6.8   **14** 121, 121, 1.21

15
$$
\begin{array}{r}
0.49 \\
6\overline{)2.94} \\
\underline{24} \\
54 \\
\underline{54} \\
0
\end{array}
$$

16 22.4÷7=3.2에 ○표

17 ③   **18** 7.98 cm

19 3.45 cm   **20** 6.48분

08
$$\begin{array}{r} 6.16 \\ 5\overline{)30.80} \\ \underline{30} \\ 8 \\ \underline{5} \\ 30 \\ \underline{30} \\ 0 \end{array}$$

09
$$\begin{array}{r} 1.26 \\ 5\overline{)6.30} \\ \underline{5} \\ 13 \\ \underline{10} \\ 30 \\ \underline{30} \\ 0 \end{array}$$

11 $27 \div 6 = 4.5$, $17 \div 4 = 4.25$

⇨ $4.5 > 4.25$

12 (자연수)÷(자연수)를 분수로 바꿀 때에는 나누는 수는 분모가 되고, 나누어지는 수는 분자가 됩니다.

15 나누어지는 수가 나누는 수보다 작으면 몫의 일의 자리에 0을 쓰고 소수점을 찍어야 하는데 0을 쓰지 않았습니다.

16 $22.4 \div 7$을 어림하여 계산하면 $22 \div 7 = 3 \cdots 1$이므로 $22.4 \div 7$의 몫은 3보다 크고 4보다 작음을 알 수 있습니다.

17 ① 1.7 ② 3.2 ③ 0.9 ④ 1.6 ⑤ 1.7

18 $63.84 \div 8 = 7.98$ (cm)

19 마름모는 네 변의 길이가 모두 같습니다.

⇨ (마름모의 한 변의 길이)
   $= 13.8 \div 4 = 3.45$ (cm)

20 일주일은 7일입니다.
따라서 하루에 $45.36 \div 7 = 6.48$(분)씩 늦게 가는 셈입니다.

63~65쪽 단원평가 3회 Ⓑ 난이도

01 648, 648, 162, 1.62

02 2200, 2200, 275, 2.75   **03** 8.35

04 8.06   **05** 8.05   **06** 3.35

07 2.8

08 $8.65 \div 5 = \dfrac{865}{100} \div 5 = \dfrac{865 \div 5}{100} = \dfrac{173}{100} = 1.73$

09 3.8   **10** 0.38   **11**
$$\begin{array}{r} 5.35 \\ 3\overline{)16.05} \\ \underline{15} \\ 10 \\ \underline{9} \\ 15 \\ \underline{15} \\ 0 \end{array}$$

12 2.5   **13** $3.48 \div 3$에 ◯표

14 3.74   **15** ㉣, ㉠, ㉡, ㉢

16 ④   **17** 15.7 m

18 11.5 m²   **19** 5.4 kg

20 예 (평행사변형의 넓이)
   =(밑변의 길이)×(높이)이므로
   (높이)=(평행사변형의 넓이)
        ÷(밑변의 길이)입니다.
   ⇨ $51.6 \div 8 = 6.45$ (cm) ; 6.45 cm

01 6.48은 소수 두 자리 수이므로 분모가 100인 분수로 고칩니다.

02 22와 220이 8로 나누어떨어지지 않으므로 22를 분모가 100인 분수로 고칩니다.

04
$$\begin{array}{r} 8.06 \\ 3\overline{)24.18} \\ \underline{24} \\ 18 \\ \underline{18} \\ 0 \end{array}$$

06
$$\begin{array}{r} 3.35 \\ 8\overline{)26.80} \\ \underline{24} \\ 28 \\ \underline{24} \\ 40 \\ \underline{40} \\ 0 \end{array}$$

08 소수 두 자리 수는 분모가 100인 분수로 고쳐서 계산합니다.

09 나누어지는 수가 $\dfrac{1}{10}$배가 되었으므로 몫도 $\dfrac{1}{10}$배가 됩니다.

10 나누어지는 수가 $\dfrac{1}{100}$배가 되었으므로 몫도 $\dfrac{1}{100}$배가 됩니다.

11 나누어지는 수의 자리에 맞추어 소수점을 찍어야 합니다.

12 $15 > 12.7 > 6$ ⇨ $15 \div 6 = 2.5$

13 나누어지는 수가 나누는 수보다 크면 몫이 1보다 큽니다.

14 승민이가 생각한 수를 □라 하면
   $□ \times 5 = 18.7$, $□ = 18.7 \div 5 = 3.74$
   따라서 승민이가 생각한 수는 3.74입니다.

15 ㉠ 3.66 ㉡ 3.4 ㉢ 3.08 ㉣ 3.85
   ⇨ ㉣>㉠>㉡>㉢

16 ④ $108 \div 4 = 27$ ⇨ $1.08 \div 4 = 0.27$

18 $92 \div 8 = 11.5$ (m²)

66~68쪽 단원평가 4회 **B** 난이도

01 84, 84, 28, 2.8
02 (위부터) 7 ; 63 ; 63
03 5.6
04 0.69
05 2.4, 0.24
06 $16.2 \div 4 = \dfrac{1620}{100} \div 4 = \dfrac{1620 \div 4}{100} = \dfrac{405}{100} = 4.05$
07 예 7, 3, 예 2 ; 2□2□8
08 3.9
09 3.8
10 ④
11 (위부터) 1.9, 1.6, 0.95, 0.8
12 5.25
13
$$
\begin{array}{r}
2.0\,4 \\
5\overline{)1\,0.2\,0} \\
\underline{1\,0} \\
2\,0 \\
\underline{2\,0} \\
0
\end{array}
$$
14 3.4, 1.7
15 ㉢
16 1.64 cm²
17 예 (1 L로 갈 수 있는 거리)
　　 $= 299.43 \div 27 = 11.09$ (km) ; 11.09 km
18 3.79 L
19 9.3 cm
20 4.55

05 $\dfrac{1}{100}$배
$624 \div 26 = 24$
$\xrightarrow{\frac{1}{10}배}$ $62.4 \div 26 = 2.4$ $\xleftarrow{\frac{1}{10}배}$ $\dfrac{1}{100}$배
$\rightarrow 6.24 \div 26 = 0.24 \leftarrow$

06 162는 4로 나누어떨어지지 않으므로 16.2를
$\dfrac{1620}{100}$으로 고쳐서 계산합니다.

07 7÷3의 결과는 2보다 크고 3보다 작으므로
6.84÷3의 몫의 소수점을 찍으면 2.28입니다.

10 ①, ⑤ 984÷8=123
② 98.4÷8=12.3
③ 9.84÷8=1.23

11 7.6÷4=1.9, 8÷5=1.6,
7.6÷8=0.95, 4÷5=0.8

12 42>32.8>8 ⇨ 42÷8=5.25

13 소수 첫째 자리 계산의 2÷5를 계산할 수 없으
므로 몫의 소수 첫째 자리에 0을 써야 합니다.

14 17÷5=3.4, 3.4÷2=1.7

15 ㉠ 1.9　㉡ 1.2　㉢ 1.92　㉣ 1.21
⇨ ㉢>㉠>㉣>㉡

16 색칠한 부분은 정오각형을 똑같이 5로 나눈 것
중의 하나이므로 8.2÷5=1.64 (cm²)입니다.

18
$$
\begin{array}{r}
3.7\,9 \\
6\overline{)2\,2.7\,4} \\
\underline{1\,8} \\
4\,7 \\
\underline{4\,2} \\
5\,4 \\
\underline{5\,4} \\
0
\end{array}
$$

19 (삼각형의 넓이)=(밑변의 길이)×(높이)÷2
⇨ (높이)=(삼각형의 넓이)×2÷(밑변의 길이)
　　　　=37.2×2÷8
　　　　=74.4÷8=9.3 (cm)

20 어떤 수를 □라 하면
□×4=72.8 ⇨ □=72.8÷4=18.2
따라서 바르게 계산하면 18.2÷4=4.55입니다.

69~71쪽 단원평가 5회 **C** 난이도

01 $23.2 \div 5 = \dfrac{2320}{100} \div 5 = \dfrac{2320 \div 5}{100} = \dfrac{464}{100} = 4.64$

02 $18.7 \div 5 = \dfrac{1870}{100} \div 5 = \dfrac{1870 \div 5}{100} = \dfrac{374}{100} = 3.74$

03 5.66
04 4.68
05 3.75
06 8.25
07 (1) 2.1　(2) 2.3
08
$$
\begin{array}{r}
0.4\,5 \\
8\overline{)3.6\,0} \\
\underline{3\,2} \\
4\,0 \\
\underline{4\,0} \\
0
\end{array}
$$
09 6.72
10 >
11 ㉠
12 4.7 m
13 2.45÷5에 ○표
14 6.8 g
15 54.72÷6=9.12에 ○표
16 1.23 m
17 예 (색칠된 부분의 넓이)
　　 $= 20.25 \div 5 = 4.05$ (m²) ; 4.05 m²
18 2÷8=0.25
19 0.65 kg
20 예 어떤 수를 □라 하면 60.8÷□=8,
□=60.8÷8=7.6입니다.
따라서 어떤 수를 5로 나눈 몫은 7.6÷5=1.52입
니다. ; 1.52

08 나누어지는 수의 자연수 부분인 3은 8보다 작으
므로 몫의 자연수 부분에 0을 써야 합니다.

10

$$4)\overline{10.60}$$ 몫 2.65
$$\begin{array}{r} 8 \\ \hline 2\ 6 \\ 2\ 4 \\ \hline 2\ 0 \\ 2\ 0 \\ \hline 0 \end{array}$$

$$13)\overline{31.46}$$ 몫 2.42
$$\begin{array}{r} 2\ 6 \\ \hline 5\ 4 \\ 5\ 2 \\ \hline 2\ 6 \\ 2\ 6 \\ \hline 0 \end{array}$$

11 나누어지는 수가 같으면 나누는 수가 작을수록 몫이 커지고, 나누는 수가 같으면 나누어지는 수가 클수록 몫이 커집니다.

㉠ 4.65 ㉡ 0.0465 ㉢ 0.465 ㉣ 0.465

12 $42.3 \div 9 = 4.7$ (m)

13 나누어지는 수의 자연수 부분이 나누는 수보다 작으면 몫은 1보다 작습니다.

$59.4 \div 9 = 6.6$, $2.45 \div 5 = 0.49$,

$26.1 \div 6 = 4.35$, $42.4 \div 8 = 5.3$

14 (연필 한 자루의 무게)$= 81.6 \div 12 = 6.8$ (g)

15 $5472 \div 6 = 912$

$547.2 \div 6 = 91.2$ ($\frac{1}{10}$배)

$54.72 \div 6 = 9.12$ ($\frac{1}{100}$배)

16 (길의 길이)÷(간격 수)$= 8.61 \div 7 = 1.23$ (m)

18 가장 작은 수 2를 나누어지는 수, 가장 큰 수 8을 나누는 수로 정하여 나눗셈을 만들었을 때 몫이 가장 작습니다.

$\Rightarrow 2 \div 8 = \frac{2}{8} = \frac{1}{4} = \frac{25}{100} = 0.25$

19 (농구공 18개의 무게)$= 13.3 - 1.6 = 11.7$ (kg)

$\Rightarrow$ (농구공 한 개의 무게)$= 11.7 \div 18 = 0.65$ (kg)

72~73쪽 단계별로 연습하는 **서술형평가**

01 ❶ 예 3, 예 1

❷ 1.1 ; 예 몫의 소수점의 위치가 잘못 되었습니다.

02 ❶ 9, 5.6, 50.4 ; 50.4 cm²

❷ 50.4, 6.3 ; 6.3 cm²

03 ❶ 8 m² ❷ 3.2 L

04 ❶ 2.34 ❷ 2, 3, 4, 9 ; 0.26

05 ❶ 2.5분 ❷ 2분 30초

03 ❶ (직사각형 모양의 벽의 넓이)$= 2 \times 4 = 8$ (m²)

❷ (1 m²의 벽을 칠하는 데 사용한 페인트의 양)

$= 25.6 \div 8 = 3.2$ (L)

04 ❶ 만들 수 있는 소수 두 자리 수는 □.□□이고 일의 자리부터 작은 수 카드를 놓으면 2.34 입니다.

❷

$$9)\overline{2.34}$$ 몫 0.26
$$\begin{array}{r} 1\ 8 \\ \hline 5\ 4 \\ 5\ 4 \\ \hline 0 \end{array}$$

05 ❶ 일주일은 7일입니다.

$\Rightarrow$ (하루에 늦어지는 시간)$= 17.5 \div 7 = 2.5$(분)

❷ 2.5분 = 2분 + 0.5분 = 2분 + 30초 = 2분 30초

74~75쪽 풀이 과정을 직접 쓰는 **서술형평가**

01 예 몫의 소수점 위치가 잘못 되었습니다.

02 예 한 변의 길이가 5.2 cm인 정사각형의 넓이는 $5.2 \times 5.2 = 27.04$ (cm²)입니다.

넓이가 같은 8개의 작은 직각삼각형으로 나누었으므로 작은 직각삼각형 1개의 넓이는 $27.04 \div 8 = 3.38$ (cm²)입니다. ; 3.38 cm²

03 예 (평행사변형 모양의 벽의 넓이)

$= 3 \times 2 = 6$ (m²)

$\Rightarrow$ (1 m²의 벽을 색칠하는 데 사용한 페인트의 양)

$= 25.14 \div 6 = 4.19$ (L) ; 4.19 L

04 예 만들 수 있는 가장 큰 소수 두 자리 수는 9.43 입니다.

$\Rightarrow 9.43 \div 2 = 4.715$; 4.715

05 예 일주일은 7일입니다.

(하루에 늦어지는 시간)

$= 24.5 \div 7 = 3.5$(분)

$\Rightarrow$ 3.5분 = 3분 + 0.5분 = 3분 30초

따라서 벽시계는 하루에 3분 30초씩 늦어집니다. ; 3분 30초

01 $6.3 \div 3$을 $6 \div 3$으로 어림하면 몫은 2에 가까워야 합니다. 이를 이용하면 $6.3 \div 3$의 몫이 0.21이 아닌 2.1임을 알 수 있습니다.

03

배점	채점기준
상	평행사변형 모양의 벽의 넓이를 구하여 답을 바르게 구함
중	풀이 과정이 부족하지만 답은 맞음
하	문제를 전혀 해결하지 못함

04

배점	채점기준
상	만들 수 있는 가장 큰 소수 두 자리 수를 구하여 답을 바르게 구함
중	풀이 과정이 부족하지만 답은 맞음
하	문제를 전혀 해결하지 못함

05

배점	채점기준
상	하루에 늦어지는 시간을 구하여 답을 바르게 구함
중	풀이 과정이 부족하지만 답은 맞음
하	문제를 전혀 해결하지 못함

76쪽 밀크티 성취도평가 **오답 베스트 5**

01 7 **02** 0.82 **03** 3.5 cm
04 0.38 m **05** 24.4

01 $63.27 \div 9 = 7.03$이므로 $7.03 > \square$입니다.
따라서 □ 안에 들어갈 수 있는 자연수 중 가장 큰 수는 7입니다.

02 $\square = 10.66 \div 13 = \dfrac{1066}{100} \div 13$

$= \dfrac{1066 \div 13}{100} = \dfrac{82}{100} = 0.82$

03 정팔각형은 여덟 변의 길이가 모두 같습니다.
(정팔각형의 한 변의 길이)
$=$(둘레)$\div$(변의 수)$= 28 \div 8 = 3.5$ (cm)

04 (삼각기둥의 모서리의 수)$= 3 \times 3 = 9$(개)
$\Rightarrow$ (한 모서리의 길이)$= 3.42 \div 9 = 0.38$ (m)

05 나누어지는 수에는 가장 큰 소수 한 자리 수를 놓고, 나누는 수에는 남은 수 카드의 수를 놓습니다.
$9 > 7 > 6 > 4$이므로 만들 수 있는 가장 큰 소수 한 자리 수는 97.6입니다.
따라서 $97.6 \div 4 = 24.4$입니다.

---

4 **비와 비율**

79쪽 **쪽지시험 1회**

01 12, 16, 20 **02** 2 **03** 6, 8, 10
04 4, 7 **05** 7, 8 **06** 15, 13
07 11, 5 **08** 5, 9 **09** 3, 8
10 ㉡

08 (색칠한 부분의 수) : (전체의 수)$= 5 : 9$
09 (색칠한 부분의 수) : (전체의 수)$= 3 : 8$
10 ㉡ 6에 대한 7의 비 $\Rightarrow 7 : 6$

80쪽 **쪽지시험 2회**

01 $7, 8, \dfrac{7}{8}$ **02** $13, 25, \dfrac{13}{25}$ **03** $\dfrac{2}{5}$
04 $\dfrac{7}{2}$ **05** 0.58 **06** 0.45
07 $\dfrac{3}{5}, 0.6$ **08** $\dfrac{9}{16}$ **09** 0.55
10

05 (비율)$= \dfrac{29}{50} = 0.58$

06 (비율)$= \dfrac{9}{20} = 0.45$

10 $7 : 10 \Rightarrow \dfrac{7}{10} = 0.7$, $13 : 20 \Rightarrow \dfrac{13}{20} = 0.65$

$18 : 25 \Rightarrow \dfrac{18}{25} = 0.72$

81쪽 **쪽지시험 3회**

01 100, 4 **02** $\dfrac{150}{5}, 30$ **03** 160, 80
04 270, 90 **05** ㉣ **06** $\dfrac{300}{4} (=75)$
07 $\dfrac{480}{6} (=80)$ **08** $\dfrac{15000}{10} (=1500)$
09 $\dfrac{4200}{7} (=600)$ **10** $\dfrac{16800}{8} (=2100)$

01 지민이가 달리는 데 걸린 시간은 25초이고 달린 거리는 100 m입니다. 따라서 지민이가 달리는 데 걸린 시간에 대한 거리의 비율은 $\dfrac{100}{25}=4$입니다.

05 ㉮ 버스는 1시간에 80 km를 달린 셈이고 ㉯ 버스는 1시간에 90 km를 달린 셈이므로 ㉯ 버스가 더 빠릅니다.

82쪽 쪽지시험 4회

01 100, 55 **02** 53 % **03** 61 %
04 26 % **05** 25
06 ⓘ  **07** 72 %

08 85 % **09** 76, 50 **10** 1반

06 50 % ⇨ $\dfrac{50}{100}=\dfrac{1}{2}=\dfrac{4}{8}$이므로 8칸 중 4칸에 색칠합니다.

07 (서준이의 성공률)=$\dfrac{18}{25}\times100=72$ (%)

08 (정아의 성공률)=$\dfrac{17}{20}\times100=85$ (%)

09 (1반의 찬성률)=$\dfrac{19}{25}\times100=76$ (%)

(2반의 찬성률)=$\dfrac{12}{24}\times100=50$ (%)

83~85쪽 단원평가 1회 난이도

01 (1) 3 (2) 2 **02** 비교하는 양, 기준량, 비율
03 19, 21 **04** 5, 12 **05** ⓘ
06 $\dfrac{7}{25}\times100=28$; 28 %

07 40 **08** 0.72 **09** (위부터)8, 12, 16 ; 4, 6, 8
10 ⓘ 남학생 수는 여학생 수의 2배입니다.
11 (위부터) 0.85, 85 ; 0.03, 3 **12** ②
13 $\dfrac{30}{20}\left(=\dfrac{3}{2}\right)$, 1.5 **14** 13 : 20
15 (○)( )( ) **16** 20 % **17** 52 %
18 20 % **19** 0.32 **20** $\dfrac{150}{300}\left(=\dfrac{1}{2}=0.5\right)$

05 (색칠한 부분의 칸 수) : (전체의 칸 수)=5 : 9이므로 9칸 중 5칸에 색칠합니다.

07 10칸 중에서 4칸을 색칠하였으므로
$\dfrac{4}{10}\times100=40$ (%)입니다.

10 여학생 수는 남학생 수의 $\dfrac{1}{2}$배입니다.

12 ① $\dfrac{4}{5}$ ② $\dfrac{9}{7}$ ③ $\dfrac{10}{13}$ ④ $\dfrac{5}{8}$ ⑤ $\dfrac{7}{20}$

14 남자 자원봉사자는 20−7=13(명)입니다.
⇨ 전체 자원봉사자 수에 대한 남자 자원봉사자 수의 비는 13 : 20입니다.

15 25에 대한 11의 비율 ⇨ 11 : 25의 비율
⇨ $\dfrac{11}{25}=\dfrac{44}{100}=0.44$
⇨ 44 %

16 $\dfrac{1}{5}\times100=20$ (%)

17 $\dfrac{130}{250}\times100=52$ (%)

18 (할인받은 가격)=5000−4000=1000(원)
⇨ (할인받은 비율)=$\dfrac{1000}{5000}\times100=20$ (%)

19 (타율)=$\dfrac{(안타\ 수)}{(전체\ 타수)}=\dfrac{96}{300}=0.32$

86~88쪽 단원평가 2회 난이도

01 12, 12 **02** 3, 3
03 20, 30, 40 ; 10 **04** 8, 7 ; 7, 8
05 6 : 7 **06** 7 : 6 **07** ④
08 13, 20, $\dfrac{13}{20}$(=0.65) **09** 21 : 27
10 $\dfrac{21}{27}\left(=\dfrac{7}{9}\right)$ **11** 16, 16, 64, 64
12 $\dfrac{3}{5}$ **13** 60 %
14 40 %, 16 %, 136 % **15**
16 ③, ④
17 ⓘ
18 $\dfrac{124}{2}$(=62) **19** $\dfrac{3}{2}$ **20** 80 %

07 ①, ②, ③, ⑤ ⇨ 7:3, ④ ⇨ 3:7

13 $\frac{3}{5} \times 100 = 60$ (%)

16 비교하는 양이 기준량보다 크면 비율이 1보다 큽니다.

① 0.41 ② 0.9 ③ $\frac{7}{4} = 1.75$ ④ 1.02

⑤ $\frac{15}{20} = 0.75$

17 전체 10칸 중에서 7칸에 색칠합니다.

19 (수학을 좋아하지 않는 학생 수)
= 30 - 18 = 12(명)

수학을 좋아하지 않는 학생 수에 대한 수학을 좋아하는 학생 수의 비는 18:12입니다.

따라서 비율은 $\frac{18}{12} = \frac{3}{2}$입니다.

20 10문제 중에서 2문제를 틀렸으므로 8문제를 맞혔습니다.

따라서 맞힌 문제 수는 전체 문제 수의 $\frac{8}{10}$이므로 $\frac{8}{10} \times 100 = 80$ (%)입니다.

89~91쪽 단원평가 3회 🅑 난이도

01

뺄셈으로 비교하기	나눗셈으로 비교하기
⑩ 10-5=5, 피자 조각 수가 모둠원 수보다 5 더 많습니다.	⑩ 모둠원 수는 피자 조각 수의 $\frac{1}{2}$배입니다.

02 30, 40, 50　　　　**03** 4, 7

04 25, 11, 11, 25　　**05** 0.45

06 ③　　　　**07** 0.37, 37 %　**08** ㉣

09 5:12　　**10** 62.5 %　　**11**

12 37.5 %　　**13** 2배　　**14** 6.2 %

15 $\frac{138000}{12} (=11500)$　　**16** 6400

17 맞습니다에 ○표 ; ⑩ 백분율을 구하기 위해서는 분수나 소수로 나타낸 비율에 100을 곱한 다음 곱해서 나온 값에 기호 %를 붙이면 되므로 맞습니다.

18 62:13　**19** 구두　**20** 25개

01 뺄셈으로 비교할 때 모둠원 수가 피자 조각 수보다 5 더 적다고 해도 정답으로 인정합니다.

05 $\frac{9}{20} = \frac{45}{100} = 0.45$

06 ① 7:4　② 3:8　④ 2:5　⑤ 4:3

07 $\frac{37}{100} = 0.37$ ⇨ $0.37 \times 100 = 37$ (%)

08 ㉠ 5:7 ⇨ $\frac{5}{7}$　　㉡ 12:6 ⇨ $\frac{12}{6} = 2$

㉢ 4:1 ⇨ $\frac{4}{1} = 4$　　㉣ 1:8 ⇨ $\frac{1}{8} = 0.125$

10 전체 16칸 중에서 10칸이 색칠되어 있으므로 $\frac{10}{16} = \frac{5}{8}$입니다. ⇨ $\frac{5}{8} \times 100 = 62.5$ (%)

12 (성공률) = $\frac{(성공\ 횟수)}{(전체\ 던진\ 횟수)} = \frac{9}{24}$

⇨ $\frac{9}{24} \times 100 = 37.5$ (%)

13 다섯 모둠을 만들면 남학생이 30명, 여학생이 15명입니다. 따라서 전체 남학생 수는 전체 여학생 수의 2배입니다.

16 할인율이 20 %이므로 판매 가격은 원래 가격의 80 %입니다. 80 % ⇨ $\frac{80}{100} = 0.8$

⇨ (판매 가격) = $8000 \times 0.8 = 6400$(원)

18 직사각형의 둘레는 $(18+13) \times 2 = 62$ (cm)입니다. ⇨ (둘레):(세로) ⇨ 62:13

19 (운동화 판매 가격)
= $20000 \times \frac{80}{100} = 16000$(원),
(구두 판매 가격)
= $30000 \times \frac{55}{100} = 16500$(원),
(슬리퍼 판매 가격)
= $17000 \times \frac{90}{100} = 15300$(원)

20 전체 공 수의 50 %가 농구공이므로 나머지 50 %는 축구공과 배구공 수의 합이고
10+15 = 25(개)입니다.
따라서 농구공도 25개 있습니다.

01 (위부터) 18, 27, 36, 45 ; 6, 9, 12, 15

02 예 학생 수는 손전등 수의 3배입니다.

03 손전등 수, 3 **04** 5 : 16 **05** $\dfrac{5}{6}$

06 11 % **07** ② **08** $\dfrac{37}{100}$, 0.37

09 34 %

10 75, 0.75 ; 75, 0.75 ; 같습니다에 ○표

11 ② **12** 예

13 52, 40, 60 ; 3반

14 틀립니다에 ○표 ; 예 5 : 4의 기준량은 4이고, 4 : 5의 기준량은 5이므로 5 : 4와 4 : 5는 다릅니다.

15 4 : 10 **16** $\dfrac{6}{10}\left(=\dfrac{3}{5}\right)$, 0.6 **17** 3 %

18 20 % **19** 승철

20 $\dfrac{24000}{16}(=1500)$, $\dfrac{37800}{18}(=2100)$; 나 마을

---

09 50칸 중 17칸에 색칠하였으므로 백분율로 나타내면 $\dfrac{17}{50} \times 100 = 34$ (%)입니다.

11 ① 4 : 5 ② 9 : 4 ③ 13 : 16
④ 25 : 27 ⑤ 10 : 11
따라서 기준량이 비교하는 양보다 작은 것은 ② 입니다.

12 전체 16칸의 50 %는 $16 \times \dfrac{1}{2} = 8$이므로 8칸을 색칠합니다.

13 1반: $\dfrac{13}{25} \times 100 = 52$ (%)
2반: $\dfrac{10}{25} \times 100 = 40$ (%)
3반: $\dfrac{12}{20} \times 100 = 60$ (%)
⇨ 60>52>40이므로 찬성률이 가장 높은 반은 3반입니다.

18 (할인받은 금액)=20000−16000=4000(원)
⇨ (할인율)=$\dfrac{4000}{20000} \times 100 = 20$ (%)

19 종민이의 타율은 $\dfrac{6}{10}=\dfrac{3}{5}$이고,
승철이의 타율은 $\dfrac{12}{15}=\dfrac{4}{5}$입니다.
따라서 $\dfrac{3}{5}<\dfrac{4}{5}$이므로 승철이의 타율이 더 높습니다.

20 넓이에 대한 인구의 비율이 더 높은 마을이 인구가 더 밀집한 곳이므로 나 마을입니다.

01 2, 5 ; 5, 2 **02** 16, 20, 24

03 예 지점토의 수는 학생 수의 4배입니다.

04 8 : 7 **05** $\dfrac{8}{7}$ **06** $\dfrac{13}{8}$, 1.625

07 예

08 다릅니다에 ○표 ; 예 1 : 5의 기준량은 5이고, 5 : 1의 기준량은 1이므로 1 : 5와 5 : 1은 다릅니다.

09 (위부터) $\dfrac{3}{100}$, 3 ; 0.8, 80

10 (위부터) 11, 20, $\dfrac{11}{20}(=0.55)$; 24, 8, $\dfrac{24}{8}(=3)$

11 ④ **12**   **13** 13 : 25

14 32명 **15** 가 영화

16 빨간 버스

17 예 이틀 동안 타수는 5+7=12(타수)이고,
안타는 2+1=3(개) 쳤습니다.
따라서 타율은 $\dfrac{(안타 수)}{(전체 타수)} = \dfrac{3}{12} = \dfrac{1}{4} = 0.25$입니다. ; 0.25

18 $\dfrac{156000}{6}(=26000)$, $\dfrac{182000}{8}(=22750)$
; 가 도시

19 준기

20 예 사과는 할인받은 금액이 1200−900=300(원)입니다.

(사과의 할인율)=$\frac{300}{1200}\times100=25$ (%)

배는 할인받은 금액이 2500−2000=500(원)입니다.

(배의 할인율)=$\frac{500}{2500}\times100=20$ (%)

따라서 할인율이 더 높은 것은 사과입니다. ; 사과

06 (가)에 대한 (나)의 비

⇨ (나) : (가)=13 : 8

⇨ (비율)=$\frac{(나)}{(가)}=\frac{13}{8}=1.625$

09 ・$0.03=\frac{3}{100}$ ⇨ $\frac{3}{100}\times100=3$ (%)

・$\frac{12}{15}=0.8$ ⇨ $0.8\times100=80$ (%)

11 ㉠ $\frac{(비교하는 양)}{(기준량)}=\frac{4}{5}=0.8$

㉡ $\frac{(비교하는 양)}{(기준량)}=\frac{15}{20}=\frac{3}{4}=0.75$

12 16 % ⇨ $\frac{16}{100}=\frac{4}{25}$, 1.6 % ⇨ $\frac{16}{1000}=\frac{2}{125}$,

10.6 % ⇨ $\frac{106}{1000}=\frac{53}{500}$

13 빨간 색종이를 12장, 파란 색종이를 13장이라고 하면 전체 색종이 수는 12+13=25(장)입니다.

전체 색종이 수에 대한 파란 색종이 수의 비

⇨ (파란 색종이 수) : (전체 색종이 수)

⇨ 13 : 25

14 $\frac{(남학생 수)}{(전체 학생 수)}=\frac{5}{8}$이고 남학생이 20명이므로

전체 학생 수를 □명이라 하면

$\frac{5}{8}=\frac{20}{□}$ ⇨ □=8×4=32입니다.

따라서 전체 학생은 32명입니다.

15 나 영화의 좌석 수에 대한 관객 수의 비율이 $\frac{272}{400}$입니다.

백분율로 나타내면 $\frac{272}{400}\times100=68$ (%)입니다.

따라서 좌석 수에 대한 관객 수의 비율이 70%인 가 영화가 더 인기가 많습니다.

16 빨간 버스: $\frac{210}{3}(=70)$

파란 버스: $\frac{320}{5}(=64)$

두 버스 중 걸린 시간에 대한 달린 거리의 비율이 더 높은 빨간 버스가 더 빠릅니다.

19 포도주스 양에 대한 포도 원액 양의 비율을 구합니다.

준기: $\frac{250}{400}\left(=\frac{5}{8}=0.625\right)$

연호: $\frac{180}{450}\left(=\frac{2}{5}=0.4\right)$

따라서 0.625>0.4이므로 준기가 만든 포도주스가 더 진합니다.

98~99쪽 단계별로 연습하는 **서술형평가**

01 ❶ $\frac{7}{10}$ ❷ 70 %

02 ❶ 54 cm², 50 cm² ❷ 50, 54

03 ❶ 450원 ❷ $\frac{450}{3000}\left(=\frac{3}{20}\right)$ ❸ 15 %

04 ❶ 14.3, 260.4, 105 ❷ 원진

05 ❶ 70 % ❷ 75 % ❸ 나 학교

01 ❶ (성공률)=$\frac{(성공 횟수)}{(던진 횟수)}=\frac{7}{10}$

❷ $\frac{7}{10}\times100=70$ (%)

02 ❶ ㉮: 9×6=54 (cm²), ㉯: 10×5=50 (cm²)

❷ (㉯의 넓이) : (㉮의 넓이) ⇨ 50 : 54

03 ❶ 3000−2550=450(원)

❷ $\frac{(할인받은 금액)}{(원래 가격)}=\frac{450}{3000}\left(=\frac{3}{20}\right)$

❸ $\frac{3}{20}\times100=15$ (%)

04 ❶ 주하: 0.143×100=14.3 (%),

정아: 2.604×100=260.4 (%),

원진: 1.05×100=105 (%)

05 ❶ 가 학교: '만족한다'라고 대답한 학생의 비율은 $\frac{(만족하는 학생 수)}{(전교생 수)}=\frac{350}{500}$이므로 백분율로 나타내면 $\frac{350}{500}\times100=70$ (%)입니다.

❷ 나 학교: '만족한다'라고 대답한 학생의 비율

은 $\dfrac{(\text{만족하는 학생 수})}{(\text{전교생 수})}=\dfrac{225}{300}$이므로 백분율

로 나타내면 $\dfrac{225}{300}\times100=75\,(\%)$입니다.

❸ 70 % < 75 %이므로 나 학교의 만족도가 더 높습니다.

100~101쪽 풀이 과정을 직접 쓰는 **서술형평가**

01 예 성준: (성공률)$=\dfrac{21}{25}\times100=84\,(\%)$

혜윤: (성공률)$=\dfrac{16}{20}\times100=80\,(\%)$

따라서 84 % > 80 %이므로 성준이의 골 성공률이 더 높습니다. ; 성준

02 예 가의 넓이: $6\times3=18\,(\text{m}^2)$

나의 넓이: $5\times5=25\,(\text{m}^2)$

정사각형의 넓이에 대한 직사각형의 넓이의 비는 18 : 25입니다.

이것을 비율로 나타내면 $\dfrac{18}{25}$입니다. ; $\dfrac{18}{25}$

03 예 42000−35700=6300(원)이므로
6300원 할인받았습니다.

⇨ (할인율)$=\dfrac{6300}{42000}\times100=15\,(\%)$; 15 %

04 예 윤주: $0.64\times100=64\,(\%)$,

지영: $\dfrac{43}{50}\times100=86\,(\%)$, 채린: $\dfrac{3}{5}\times100=60\,(\%)$

따라서 비율을 백분율로 바르게 나타낸 사람은 채린입니다. ; 채린

05 예 (1반의 찬성률)$=\dfrac{11}{25}\times100=44\,(\%)$

(2반의 찬성률)$=\dfrac{9}{20}\times100=45\,(\%)$

(3반의 찬성률)$=\dfrac{15}{30}\times100=50\,(\%)$

따라서 44 % < 45 % < 50 %이므로 찬성률이 가장 낮은 반은 1반입니다. ; 1반

01

배점	채점기준
상	성준이와 혜윤이의 성공률을 각각 구하고 답을 바르게 구함
중	풀이 과정이 부족하지만 답은 맞음
하	문제를 전혀 해결하지 못함

인정답안

성공률을 백분율로 나타내지 않고 비율로만 구하여 답을 구해도 정답으로 인정합니다.

03

배점	채점기준
상	할인 가격을 구하고 답을 바르게 구함
중	풀이 과정이 부족하지만 답은 맞음
하	문제를 전혀 해결하지 못함

05

배점	채점기준
상	각 반의 찬성률을 구하고 답을 바르게 구함
중	풀이 과정이 부족하지만 답은 맞음
하	문제를 전혀 해결하지 못함

102쪽 밀크티 성취도평가 **오답 베스트 5**

01 0.7   **02** ㉣   **03** ⋅ ⋅

04 ②   **05** 10 %, 20 %

01 전체 10칸 중 7칸이 색칠되어 있으므로 비율은

$\dfrac{7}{10}$입니다. ⇨ $\dfrac{7}{10}=0.7$

02 ㉠ $\dfrac{6}{25}\times100=24\,(\%)$

㉡ $0.24\times100=24\,(\%)$

㉣ $\dfrac{13}{50}\times100=26\,(\%)$

⇨ 비율이 다른 하나는 ㉣입니다.

03 ⋅ $\dfrac{17}{20}\times100=85\,(\%)$

⋅ $0.83\times100=83\,(\%)$

⋅ $\dfrac{4}{5}\times100=80\,(\%)$

04 범준이가 100 m를 달리는 데 걸린 시간에 대한

달린거리의 비율은 $\dfrac{(\text{달린 거리})}{(\text{걸린 시간})}=\dfrac{100}{20}=5$입니다.

05 (샌드위치의 할인 금액)=1200−1080=120(원)

(샌드위치의 할인율)$=\dfrac{120}{1200}\times100=10\,(\%)$

(햄버거의 할인 금액)=1500−1200=300(원)

(햄버거의 할인율)$=\dfrac{300}{1500}\times100=20\,(\%)$

정답 및 풀이 • **37**

5 여러 가지 그래프

106쪽 쪽지시험 1회

01 1, 5

02
마을별 쌀 생산량

마을	쌀 생산량
가	
나	
다	

🌾100 kg
🌾10 kg

03 다 마을   **04** 가 마을   **05** 띠에 ◯표

06 40명   **07** 35   **08** 35, 15

09
좋아하는 과일별 학생 수

0 10 20 30 40 50 60 70 80 90 100(%)

포도 (30 %)	사과 (20 %)	딸기 (35 %)	기타 15 %

10 2배

---

08 기타: $\dfrac{6}{40} \times 100 = 15$ (%)

10 포도: 30 %, 기타: 15 % ⇨ 30÷15=2(배)

107쪽 쪽지시험 2회

01 원그래프   **02** 20명   **03** 25

04 25, 15, 100   **05**
취미별 학생 수

기타 (15 %)
독서 (25 %)
운동 (40 %)
게임 (20 %)

06 15, 30, 100   **07** 좋아하는 장난감별 학생 수

요요 (30 %)
팽이 (20 %)
구슬 (35 %)
인형 (15 %)

08 구슬   **09** 인형   **10** 2배

---

04 기타: $\dfrac{3}{20} \times 100 = 15$ (%)

합계: 25+40+20+15=100 (%)

06 인형: $\dfrac{30}{200} \times 100 = 15$ (%),

요요: $\dfrac{60}{200} \times 100 = 30$ (%)

합계: 20+35+15+30=100 (%)

10 요요: 30 %, 인형: 15 % ⇨ 30÷15=2(배)

108쪽 쪽지시험 3회

01 15 %   **02** 2배   **03** 12 %

04 시집   **05** 3배   **06** 120, 16

07
마을별 쓰레기 배출량

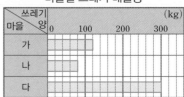

08
마을별 쓰레기 배출량

0 10 20 30 40 50 60 70 80 90 100(%)

가 (24 %)	나 (16 %)	다 (60 %)

09 300 kg

10 16 %

---

05 시집: 36 %, 동화책: 12 % ⇨ 36÷12=3(배)

06 가: 큰 그림이 1개, 작은 그림이 2개이므로
120 kg입니다.

나: $\dfrac{80}{500} \times 100 = 16$ (%)입니다.

109~111쪽 단원평가 1회   Ⓐ 난이도

01 띠그래프   **02** 25 %   **03** 토끼

04 강아지   **05** 30   **06** 16, 40

07
혈액형별 학생 수

0 10 20 30 40 50 60 70 80 90 100(%)

A형 (20 %)	B형 (30 %)	O형 (40 %)	

AB형(10 %)

08 원그래프   **09** 25 %   **10** 옷

11 휴대 전화   **12** $\dfrac{3}{20}$, 15   **13** 15, 25, 50

14 가족과 함께 하고 싶은 일별 학생 수

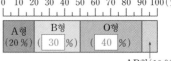
등산 (10 %)
놀이공원 가기 (50 %)
도서관 가기 (15 %)
영화 관람 (25 %)

15 ㉡

16 2배

17 16명

18 3배   **19** 30마리   **20** 60마리

05 $\dfrac{(\text{B형인 학생 수})}{(\text{전체 학생 수})} \times 100 = \dfrac{12}{40} \times 100 = 30\,(\%)$

11 가장 넓은 부분을 차지하는 선물은 휴대 전화입니다.

13 $(\text{영화 관람}) = \dfrac{5}{20} \times 100 = 25\,(\%)$

$(\text{놀이공원 가기}) = \dfrac{10}{20} \times 100 = 50\,(\%)$

14 가족과 함께 하고 싶은 일별 학생 수의 백분율만큼 원그래프를 나눈 후 나눈 부분에 각 항목의 명칭을 쓰고 ( ) 안에 백분율을 씁니다.

15 꺾은선그래프는 시간에 따라 연속적으로 변하는 양을 나타낼 때 적절합니다.

16 축구의 비율은 40 %이고 농구의 비율은 20 %이므로 40÷20=2(배)입니다.

17 축구를 좋아하는 학생 수는 농구를 좋아하는 학생 수의 2배이므로 8×2=16(명)입니다.

18 돼지의 수는 45 %이고 오리의 수는 15 %이므로 45÷15=3(배)입니다.

19 90÷3=30(마리)

20 소는 30마리, 오리도 30마리입니다.
⇨ 30+30=60(마리)

112~114쪽 단원평가 2회 Ⓐ난이도

01 띠그래프　　**02** 25 %　　**03** 저축

04 2배　　**05** 40, 10, 100

06
색깔별 구슬 수

| 노랑 (20 %) | 빨강 (30 %) | 검정 (40 %) |

파랑 (10 %)

07 45 %　　**08** 경기도　　**09** 전라도

10 ㉣　　**11** 40, 25

12 좋아하는 과일별 학생 수

13 660 kg

14 B형, AB형, A형, O형　　**15** 16명

16
혈액형별 학생 수

17 18 %　　**18** 오렌지 맛

19 16개　　**20** 3배

04 저축: 30 %, 학용품: 15 %
⇨ 30÷15=2(배)

05 $(\text{검정}) = \dfrac{12}{30} \times 100 = 40\,(\%)$

$(\text{파랑}) = \dfrac{3}{30} \times 100 = 10\,(\%)$

07 ㉠ 신문을 보는 사람 수는 전체의 45 %입니다.

08 가장 넓은 부분을 차지하는 도는 경기도입니다.

10 ㉣ → ㉠ → ㉡ → ㉢의 순서대로 원그래프를 그립니다.

11 $(\text{사과}) = \dfrac{8}{20} \times 100 = 40\,(\%)$,

$(\text{딸기}) = \dfrac{5}{20} \times 100 = 25\,(\%)$

13 가: 210 kg, 나: 150 kg, 다: 300 kg
⇨ 210+150+300=660 (kg)

14 A형: 20 %, B형: 40 %, O형: 15 %,
AB형: 25 %
⇨ B형>AB형>A형>O형

15 B형인 학생은 전체의 40 %이므로
40×0.4=16(명)입니다.

16 원을 백분율만큼 나누고 각 항목의 명칭과 백분율을 써넣습니다.

17 100−(32+38+12)=18이므로 18 %입니다.

18 오렌지 맛 사탕이 38 %로 가장 많습니다.

19 딸기 맛 사탕 수는 전체의 32 %입니다.
$(\text{딸기 맛 사탕 수}) = 50 \times 0.32 = 16(\text{개})$

20 38÷12=3.166……이므로 약 3배입니다.

정답 및 풀이

01 원그래프   **02** 무기질   **03** 15 %

04 봄   **05** (위부터) 40, 20 ; 30, 20, 10, 100

06
병원별 간 횟수

내과 (40 %)	치과 (30 %)	

안과 (20 %)   기타(10 %)

07 40 %   **08** 김밥, 떡볶이, 스파게티, 자장면, 불고기

09 1.5배 또는 $1\frac{1}{2}$배

10 그림그래프: 예 지역별 쌀 생산량
     꺾은선그래프: 예 하루 동안 온도의 변화
     막대그래프: 예 학년별 학생 수

11 30 %   **12** 만화   **13** 수학

14 240명   **15** 40, 10, 15, 5, 100

16
컴퓨터 사용 목적별 학생 수

게임 (30 %)	정보 (40 %)	통신 (10 %)	학습 (15 %)

기타(5 %)

17 컴퓨터 사용 목적별 학생 수

기타 (5 %) / 학습 (15 %) / 통신 (10 %) / 정보 (40 %) / 게임 (30 %)

18 30 %

19 7 cm

20 예 침엽수림은 혼합림의 2배입니다. $120 \div 2 = 60$
이므로 혼합림의 넓이는 60 km²입니다. ; 60 km²

05 $(치과) = \dfrac{60}{200} \times 100 = 30 \ (\%)$,

$(안과) = \dfrac{40}{200} \times 100 = 20 \ (\%)$,

$(기타) = \dfrac{20}{200} \times 100 = 10 \ (\%)$,

$(합계) = 40 + 30 + 20 + 10 = 100 \ (\%)$

10 그림그래프: 그림의 크기와 수로 수량의 많고
     적음을 쉽게 알 수 있습니다.
     꺾은선그래프: 시간에 따라 연속적으로 변화하
     는 양을 나타내는 데 편리합니다.

막대그래프: 수량의 많고 적음을 한눈에 비교하
     기 쉽고 각각의 크기를 비교할 때
     편리합니다.

13 체육(40 %)>수학(25 %)>영어(20 %)
    >국어(15 %)
     따라서 두 번째로 많은 학생들이 좋아하는 과목
     은 수학입니다.

14 영어를 좋아하는 학생은 전체의 20 %이므로
     $1200 \times 0.2 = 240$(명)입니다.

15 $(정보) = \dfrac{192}{480} \times 100 = 40 \ (\%)$,

$(통신) = \dfrac{48}{480} \times 100 = 10 \ (\%)$,

$(학습) = \dfrac{72}{480} \times 100 = 15 \ (\%)$,

$(기타) = \dfrac{24}{480} \times 100 = 5 \ (\%)$

$(합계) = 30 + 40 + 10 + 15 + 5 = 100 \ (\%)$

19 가 도시의 인구는 전체의 35 %이므로
     $20 \times 0.35 = 7$ (cm)입니다.

01 25 %   **02** 4배   **03** 저축

04 1.2배 또는 $1\frac{1}{5}$배   **05** 15 %

06 은하수, 별지, 꽃, 푸른

07
마을별 학생 수

마을	학생 수
가	☺☺☺☺☺☺
나	☺☺☺
다	☺☺☺☺☺☺☺

☺ 100명
☺ 10명

08 정원   **09** 영훈   **10** 6배

11 $500 \times 0.45 = 225$; 225표   **12** 25 %

13 집에서 기르는 가축별 수

돼지 (25 %) / 닭 (35 %) / 소 (10 %) / 염소 (20 %) / 개 (10 %)

14 12마리

15 ③

16 3배

17

좋아하는 과목별 학생 수

0 10 20 30 40 50 60 70 80 90 100(%)

국어 (10%)	수학 (15%)	사회 (30%)	과학 (45%)

18 $200 \, m^2$　　　**19** 20%

20 예 (연예인)$=40 \times 0.25=10$(명),

(선생님)$=40 \times 0.2=8$(명)입니다.

따라서 장래 희망이 연예인인 학생은 선생님인 학

생보다 $10-8=2$(명) 더 많습니다. ; 2명

---

08 • 호랑이를 좋아하는 학생 수는 전체의 25%

입니다.

• 호랑이 또는 곰을 좋아하는 학생 수는

$25+20=45$ (%)이므로 토끼를 좋아하는 학

생 수와 같습니다.

• 백분율의 합계는

$25+10+45+20=100$ (%)입니다.

10 민우: 30%, 정희: 5%

⇨ $30 \div 5=6$(배)

11 영훈이는 전체의 45%이므로

$500 \times 0.45=225$(표)입니다.

14 염소의 수는 개의 수의 2배입니다.

⇨ 개는 $24 \div 2=12$(마리)

15 ③ 성이 박씨인 학생은 $20 \times 0.2=4$(명)입니다.

16 과학 45%, 수학 15%

⇨ $45 \div 15=3$(배)

18 사과가 차지하는 땅의 넓이는 전체의

$100-(20+30+10)=40$이므로 40%입니다.

따라서 사과가 차지하는 땅의 넓이는

$500 \times 0.4=200$ (m²)입니다.

19 (운동 선수)$+$(선생님)

$=100-(25+10+5)=60$ ⇨ 60%

(운동 선수)$=$(선생님)$\times 2$이므로

(선생님)$\times 2+$(선생님)$=60$,

(선생님)$\times 3=60$, (선생님)$=20 \%$

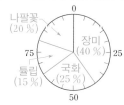

121~123쪽 단원평가 5회 ○ 난이도

01 $150, 400$　　**02** 15%　　**03** 15%

04 35%　　**05** $40, 25, 15, 20, 100$

06 장미　　**07**

식물원에 있는 꽃별 수

08 김밥　　**09** 100인분　　**10** ㉠ 항공사

11 1.8배 또는 $1\frac{4}{5}$배　　**12** 750명

13 $750 \times 0.38=285$; 285명

14 예 중학생의 비율은 전체의 30%이고 이 중에서

남학생이 $100-38=62$이므로 62%입니다.

따라서 중학교에 다니는 남학생은 전체의

$0.3 \times 0.62 \times 100=18.6$ (%)입니다. ; 18.6%

15 $50, 24, 16, 10, 100$

16

종류별 책 수

0 10 20 30 40 50 60 70 80 90 100(%)

동화책 (50%)	과학책 (24%)	위인전 (16%)	기타 (10%)

17 $104, 91, 39, 26$　　**18** 30%

19 $180 \, m^2$

20 예 (논)$=600 \times 0.2=120$ (m²),

(밭)$=600 \times 0.15=90$ (m²),

(주택지)$=600 \times 0.25=150$ (m²)

⇨ $120+90-150=60$ (m²) ; $60 \, m^2$

---

04 2권: $100-(15+17+33+4+1)=30$ ⇨ 30%

1권: 4%, 0권: 1% ⇨ $30+4+1=35$ (%)

05 (장미)$=\frac{320}{800} \times 100=40$ (%),

(국화)$=\frac{200}{800} \times 100=25$ (%),

(튤립)$=\frac{120}{800} \times 100=15$ (%),

(나팔꽃)$=\frac{160}{800} \times 100=20$ (%)

08 $100-(30+20+10)=40$

⇨ 김밥이 40%로 가장 많이 팔렸습니다.

09 김밥은 라면의 2배이므로 라면은
$200 \div 2 = 100$(인분) 팔렸습니다.

10 ㉮ 항공사: $30 + 35 = 65$ (%),
㉯ 항공사: $35 + 10 = 45$ (%)
⇨ $65 > 45$이므로 ㉮ 항공사가 더 높습니다.

11 ㉮ 항공사: $35 + 10 = 45$ (%),
㉯ 항공사: $10 + 15 = 25$ (%)
⇨ $45 \div 25 = 1.8$(배)

12 $2500 \times 0.3 = 750$(명)

15 (동화책)$= \frac{500}{1000} \times 100 = 50$ (%)

(과학책)$= \frac{240}{1000} \times 100 = 24$ (%)

(위인전)$= \frac{160}{1000} \times 100 = 16$ (%)

(기타)$= \frac{100}{1000} \times 100 = 10$ (%)

17 (A형)$= 260 \times \frac{40}{100} = 104$(명),

(B형)$= 260 \times \frac{35}{100} = 91$(명),

(O형)$= 260 \times \frac{15}{100} = 39$(명),

(AB형)$= 260 \times \frac{10}{100} = 26$(명)

18 산과 밭: $100 - (25 + 20 + 10) = 45$이므로
45 %입니다.
산의 넓이가 밭의 넓이의 2배이므로
산은 30 %, 밭은 15 %입니다.

19 (산의 넓이)$= 600 \times 0.3 = 180$ (m^2)

124~125쪽 단계별로 연습하는 **서술형평가**

01 ❶ 30 %, 10 % ❷ 3배
02 ❶ 미술, 국어 ❷ 3배 ❸ ㉢
03 ❶ ㉠ 예 띠그래프, ㉡ 꺾은선그래프, ㉢ 예 막대
그래프
❷ ㉡
04 ❶ 예 증가하고 있습니다.
❷ 예 감소하고 있습니다.

02 ❶ 미술(30 %), 체육(25 %), 음악(20 %), 수학(15 %), 국어(10 %)로 가장 많은 학생이 좋아하는 과목은 미술이고, 가장 적은 학생이 좋아하는 과목은 국어입니다.
❷ 미술: 30 %, 국어: 10% ⇨ $30 \div 10 = 3$(배)

03 ❶ ㉠에 막대그래프, 원그래프라고 해도 정답입니다.
❷ 꺾은선그래프는 시간에 따라 연속적으로 변화하는 양을 나타내는 데 편리합니다.

04 ❶ 나무의 수를 나타내는 띠그래프의 길이가 해마다 길어지고 있으므로 나무의 수는 증가하고 있습니다.
❷ 꽃의 수를 나타내는 띠그래프의 길이가 해마다 짧아지고 있으므로 꽃의 수는 감소하고 있습니다.

126~127쪽 풀이 과정을 직접 쓰는 **서술형평가**

01 예 수력 에너지는 62.6 %, 태양광 에너지는 13 %입니다.
$62.6 \div 13 = 4.81 \cdots$ ⇨ 약 4.8
따라서 약 4.8배입니다. ; 약 4.8배

02 지수 ; 예 빨간색(35 %)>노란색(30 %)>초록색(20 %)>파란색(15 %)이므로 가장 적은 학생이 좋아하는 색은 파란색입니다.

03 예 ㉠, ㉢은 꺾은선그래프, ㉡은 띠그래프, 원그래프, 막대그래프로 나타낼 수 있습니다.
따라서 띠그래프 또는 원그래프로 나타내면 더 좋은 것은 ㉡입니다. ; ㉡

04 예 초등학생 수는 감소하고 중학생과 고등학생 수는 증가하고 있습니다.

01

배점	채점기준
상	수력 에너지와 태양광 에너지의 비율을 각각 알고 답을 바르게 구함
중	풀이 과정이 부족하지만 답은 맞음
하	문제를 전혀 해결하지 못함

02

배점	채점기준
상	그래프를 보고 잘못 말한 친구의 이름을 쓰고 이유를 바르게 씀
중	그래프를 보고 잘못 말한 친구의 이름은 썼으나 이유가 미흡함
하	문제를 전혀 해결하지 못함

03

배점	채점기준
상	어떤 그래프를 사용하면 좋을지 알고 답을 바르게 구함
중	풀이 과정이 부족하지만 답은 맞음
하	문제를 전혀 해결하지 못함

04

배점	채점기준
상	학교별 학생 수가 어떻게 변하는지 설명함
중	학생 수의 변화를 설명하는 데 미흡함
하	문제를 전혀 해결하지 못함

128쪽 밀크티 성취도평가 **오답 베스트 5**

01 수학 **02** ㉡ **03** 2배
04 30명 **05** 60명

03 지영이의 득표율: 40 %, 연재의 득표율: 20 %
⇨ $40 \div 20 = 2$(배)

04 봄에 태어난 학생이 전체의 30 %이고 여름에 태어난 학생이 전체의 15 %이므로 봄에 태어난 학생 수는 여름에 태어난 학생 수의 $30 \div 15 = 2$(배)입니다.
따라서 여름에 태어난 학생은 $60 \div 2 = 30$(명)입니다.

05 불고기를 좋아하는 학생은 전체의 20 %이므로 $300 \times 0.2 = 60$(명)입니다.

---

6 직육면체의 부피와 겉넓이

131쪽 쪽지시험 1회

01 가 **02** 나
03 1 cm^3, 1 세제곱센티미터 **04** 30 cm^3
05 16 cm^3 **06** 7, 280 **07** 6, 6, 216
08 84 cm^3 **09** 48 cm^3 **10** 125 cm^3

01 밑면의 넓이가 같으므로 높이가 더 긴 가의 부피가 더 큽니다.
02 가: 16개, 나: 27개 ⇨ 가<나
04 한 층에 $3 \times 5 = 15$(개)씩 2층이므로
$15 \times 2 = 30$(개) ⇨ 30 cm^3입니다.
08 $7 \times 3 \times 4 = 84 \text{ (cm}^3)$
10 $5 \times 5 \times 5 = 125 \text{ (cm}^3)$

132쪽 쪽지시험 2회

01 1 m^3, 1 세제곱미터 **02** 2000000
03 4 **04** 40000000, 40
05 216000000, 216 **06** 35, 142
07 6, 384 **08** 94 cm^2
09 96 cm^2 **10** 208 cm^2

08 $5 \times 4 + 5 \times 4 + 4 \times 3 + 4 \times 3 + 5 \times 3 + 5 \times 3$
$= 94 \text{ (cm}^2)$
10 $(8 \times 4 + 8 \times 6 + 4 \times 6) \times 2 = 208 \text{ (cm}^2)$

133~135쪽 단원평가 1회 A 난이도

01 7, 840 **02** 7, 5, 214 **03** 64 cm^2
04 384 cm^2 **05** 6, 6, 6, 216
06 1, 1 세제곱미터 **07** 94
08 324 cm^2 **09** 24 cm^2 **10** 3000000
11 민우 **12** 24, 24 **13** 1980 cm^3
14 125 cm^3 **15** 96, 96000000
16 382 cm^2 **17** 726 cm^2, 1331 cm^3
18 196배 **19** 8배 **20** 729 cm^3

08 (직육면체의 겉넓이)
$$=(12×5+5×6+12×6)×2$$
$$=324 \, (cm^2)$$

09 (정육면체의 겉넓이)
$$=(한 면의 넓이)×6$$
$$=2×2×6=24 \, (cm^2)$$

10 $1 \, m^3=1000000 \, cm^3$

11 같은 크기의 나무토막이 많이 들어갈수록 상자의 부피가 더 큽니다.

12 한 층에 $4×3=12$(개)씩 2층으로 쌓여 있으므로 $12×2=24$(개)입니다. ⇨ 부피: $24 \, cm^3$

13 $11×20×9=1980 \, (cm^3)$

14 $5×5×5=125 \, (cm^3)$

15 (수족관의 부피)$=8×4×3=96 \, (m^3)$
$1 \, m^3=1000000 \, cm^3$이므로
$96 \, m^3=96000000 \, cm^3$입니다.

16 (직육면체의 겉넓이)
$$=(여섯 면의 넓이의 합)$$
$$=8×7+8×7+7×9+7×9+8×9+8×9$$
$$=382 \, (cm^2)$$

17 전개도를 접으면 한 모서리의 길이가 $11 \, cm$인 정육면체가 만들어집니다.
(겉넓이)$=11×11×6=726 \, (cm^2)$
(부피)$=11×11×11=1331 \, (cm^3)$

18 (가의 부피)$=16×14×7=1568 \, (cm^3)$
(나의 부피)$=2×2×2=8 \, (cm^3)$
⇨ $1568÷8=196$(배)

19 처음 정육면체의 부피는 $3×3×3=27 \, (cm^3)$입니다.
늘린 모서리의 길이는 $3×2=6 \, (cm)$이므로 부피는 $6×6×6=216 \, (cm^3)$입니다.
따라서 처음 정육면체 부피의 $216÷27=8$(배)가 됩니다.

20 정육면체의 한 면의 넓이는 $486÷6=81 \, (cm^2)$이므로 한 모서리의 길이는 $9×9=81$에서 $9 \, cm$입니다.
따라서 정육면체의 부피는
$9×9×9=729 \, (cm^3)$입니다.

01 가   **02** 4, 4, 52   **03** 3, 6, 54
04 높이, 8, 72
05 예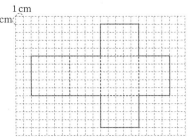

06 $130 \, cm^2$ **07** 36개, $36 \, cm^3$
08 0.12   **09** $248 \, cm^2$, $240 \, cm^3$
10 $96 \, cm^2$, $64 \, cm^3$ **11** 48, 48000000
12 $960 \, cm^3$ **13** $384 \, cm^2$ **14** ㉮
15 ㉮   **16** $2.64 \, m^3$ **17** ㉡, ㉢, ㉣, ㉠
18 $512 \, cm^3$ **19** $72 \, m^2$ **20** $600 \, cm^2$

01 가 상자는 한 층에 6개씩 2층이므로 12개를 담을 수 있습니다.
나 상자는 한 층에 2개씩 4층이므로 8개를 담을 수 있습니다.
따라서 $12>8$이므로 가 상자의 부피가 더 큽니다.

06 (직육면체의 겉넓이)
$$=(5×5+4×5+5×4)×2$$
$$=65×2=130 \, (cm^2)$$

07 한 층에 $6×2=12$(개)씩 3층으로 쌓여 있으므로 $12×3=36$(개)입니다. ⇨ 부피: $36 \, cm^3$

08 $1000000 \, cm^3=1 \, m^3$
⇨ $120000 \, cm^3=0.12 \, m^3$

09 (직육면체의 겉넓이)
$$=(10×6+6×4+10×4)×2=248 \, (cm^2)$$
(직육면체의 부피)$=10×6×4=240 \, (cm^3)$

11 (직육면체의 부피)$=4×2×6=48 \, (m^3)$
⇨ $48 \, m^3=48000000 \, cm^3$

12 $10×8×12=960 \, (cm^3)$

13 (정육면체의 겉넓이)$=(한 면의 넓이)×6$
$$=64×6=384 \, (cm^2)$$

14 ㉮: $6×6×6=216 \, (cm^2)$

④: $(8\times4+4\times6+8\times6)\times2$
$=104\times2=208\,(\text{cm}^2)$
⇨ ㉮ > ㉯

16 $80\,\text{cm}=0.8\,\text{m}$
⇨ $2.2\times0.8\times1.5=2.64\,(\text{m}^3)$

17 ㉢ $5\,\text{m}^3=5000000\,\text{cm}^3$
㉣ $0.3\,\text{m}^3=300000\,\text{cm}^3$
⇨ ㉡ > ㉢ > ㉣ > ㉠

18 (정육면체의 한 모서리의 길이)
$=32\div4=8\,(\text{cm})$
⇨ (정육면체의 부피)$=8\times8\times8=512\,(\text{cm}^3)$

19 $\square\times11=792$, $\square=792\div11=72$

20 (정육면체의 한 모서리의 길이)
$=30\div3=10\,(\text{cm})$
⇨ (정육면체의 겉넓이)$=10\times10\times6$
$=600\,(\text{cm}^2)$

139~141쪽 단원평가 3회 ^{B 난이도}

01 48개, 45개 **02** 가 **03** ④
04 $242\,\text{cm}^2$ **05** $6 ; 9, 9, 81, 81, 6, 486$
06 $150\,\text{cm}^2$ **07** $18\,\text{cm}^3$ **08** $105\,\text{cm}^3$
09 $27\,\text{cm}^3$ **10** = **11** 4.7
12 12.6, 12600000 **13** $608\,\text{cm}^2$
14 $768\,\text{cm}^3$ **15** $1.1\,\text{m}^3$ **16** 4
17 ㉇ 만들 수 있는 가장 큰 정육면체의 한 모서리의 길이는 5 cm입니다.
⇨ (정육면체의 부피)$=5\times5\times5=125\,(\text{cm}^3)$
; $125\,\text{cm}^3$
18 $216\,\text{cm}^3$ **19** $216\,\text{cm}^2$ **20** 56장

01 가 상자는 한 층에 12개씩 4층이므로 $12\times4=48$(개)를 담을 수 있습니다.
나 상자는 한 층에 9개씩 5층이므로 $9\times5=45$(개)를 담을 수 있습니다.

07 한 층에 $3\times3=9$(개)씩 2층으로 쌓았으므로 $9\times2=18$(개)입니다. ⇨ 부피: $18\,\text{cm}^3$

08 (직육면체의 부피)$=7\times3\times5=105\,(\text{cm}^3)$

---

10 $1\times1\times1=1\,(\text{m}^3)$
$100\times100\times100=1000000\,(\text{cm}^3)$
$1\,\text{m}=100\,\text{cm}$이므로 $1\,\text{m}^3=1000000\,\text{cm}^3$입니다.

11 $1000000\,\text{cm}^3=1\,\text{m}^3$
⇨ $4700000\,\text{cm}^3=4.7\,\text{m}^3$

12 (부피)$=3.5\times1.2\times3=12.6\,(\text{m}^3)$
$12.6\,\text{m}^3=12600000\,\text{cm}^3$

13 (상자의 겉넓이)
$=(12\times4+4\times16+12\times16)\times2$
$=304\times2=608\,(\text{cm}^2)$

14 (상자의 부피)$=12\times16\times4=768\,(\text{cm}^3)$

15 m^3 단위로 나타내어 비교합니다.
$6000000\,\text{cm}^3=6\,\text{m}^3$
$4900000\,\text{cm}^3=4.9\,\text{m}^3$
가장 큰 부피는 $6\,\text{m}^3$, 가장 작은 부피는 $4.9\,\text{m}^3$이므로 $6-4.9=1.1\,(\text{m}^3)$입니다.

16 $8\times\square\times6=192$, $48\times\square=192$,
$\square=192\div48=4$

18 한 모서리의 길이가 3 cm인 주사위의 부피가 $27\,\text{cm}^3$이므로 만든 정육면체의 부피는 $27\times8=216\,(\text{cm}^3)$입니다.

19 한 모서리의 길이가 6 cm인 정육면체이므로 정육면체의 겉넓이는 $6\times6\times6=216\,(\text{cm}^2)$입니다.

20 직육면체의 겉넓이를 색종이 1장의 넓이로 나누면 됩니다.
(직육면체의 겉넓이)
$=(90\times70+70\times30+90\times30)\times2$
$=22200\,(\text{cm}^2)$
(색종이의 넓이)$=20\times20=400\,(\text{cm}^2)$
따라서 $22200\div400=55.5$이므로 색종이는 적어도 56장이 필요합니다.

142~144쪽 단원평가 4회 ^{B 난이도}

01 $1\,\text{cm}^3$, 1 세제곱센티미터 **02** 148
03 25, 150 **04** 48개, $48\,\text{cm}^3$ **05** 1.7
06 640개 **07** 나 **08** $1496\,\text{cm}^3$

09 $343\ \text{cm}^3$ **10** $276\ \text{cm}^2$ **11** $280\ \text{cm}^3$

12 $9\times9\times9=729$, $729\ \text{cm}^3$ **13** $0.63\ \text{m}^3$

14 $16\ \text{cm}^2$ **15** $54\ \text{cm}^3$ **16** 진주

17 $864\ \text{cm}^2$, $1728\ \text{cm}^3$ **18** 나, 가, 다

19 5

20 예 세로를 □ cm라고 하면

$6\times\square\times4=72$, $\square=3$입니다.

따라서 겉넓이는

$(6\times3+3\times4+6\times4)\times2=54\times2=108\ (\text{cm}^2)$

입니다. ; $108\ \text{cm}^2$

02 $(6\times4+4\times5+6\times5)\times2=148\ (\text{cm}^2)$

03 (정육면체의 겉넓이)=(한 면의 넓이)$\times6$
$=25\times6=150\ (\text{cm}^2)$

04 한 층에 $3\times4=12$(개)씩 4층으로 쌓여 있으므로
$12\times4=48$(개)입니다. ⇨ 부피: $48\ \text{cm}^3$

05 $1000000\ \text{cm}^3=1\ \text{m}^3$
⇨ $1700000\ \text{cm}^3=1.7\ \text{m}^3$

06 상자 속에 각설탕을 가로로 8개, 세로로 8개씩
10층으로 담을 수 있으므로 모두
$8\times8\times10=640$(개)를 담을 수 있습니다.

07 (쌓기나무 1개의 부피)=$1\times1\times1=1\ (\text{cm}^3)$
가: 24개 → (부피)=$24\ \text{cm}^3$
나: 30개 → (부피)=$30\ \text{cm}^3$
⇨ 나($30\ \text{cm}^3$)>가($24\ \text{cm}^3$)

08 $17\times8\times11=1496\ (\text{cm}^3)$

09 $7\times7\times7=343\ (\text{cm}^3)$

10 (직육면체의 겉넓이)
$=(10\times4+10\times7+4\times7)\times2$
$=138\times2=276\ (\text{cm}^2)$

11 (직육면체의 부피)=$10\times4\times7=280\ (\text{cm}^3)$

13 $60\ \text{cm}=0.6\ \text{m}$
⇨ (직육면체의 부피)
$=1.5\times0.6\times0.7=0.63\ (\text{m}^3)$

14 (직육면체의 겉넓이)
$=(4\times7+7\times8+4\times8)\times2$
$=116\times2=232\ (\text{cm}^2)$
(정육면체의 겉넓이)=$6\times6\times6=216\ (\text{cm}^2)$

따라서 직육면체와 정육면체의 겉넓이의 차는
$232-216=16\ (\text{cm}^2)$입니다.

15 $18\times3=54\ (\text{cm}^3)$

16 (겉넓이)
$=(15\times12+15\times7+12\times7)\times2=738\ (\text{cm}^2)$
따라서 잘못 말한 사람은 진주입니다.

17 늘린 정육면체의 한 모서리의 길이는
$4\times3=12\ (\text{cm})$입니다.
(겉넓이)=$12\times12\times6=864\ (\text{cm}^2)$
(부피)=$12\times12\times12=1728\ (\text{cm}^3)$

18 (가의 부피)=$7\times4\times6=168\ (\text{cm}^3)$
(나의 부피)=$5\times8\times9=360\ (\text{cm}^3)$
(다의 부피)=$11\times3\times4=132\ (\text{cm}^3)$
⇨ 나>가>다

19 $(2\times3+3\times\square+2\times\square)\times2=62$,
$6+5\times\square=62\div2$, $6+5\times\square=31$,
$5\times\square=25$, $\square=5$

145~147쪽 단원평가 5회 Ⓒ 난이도

01 나 **02** $24\ \text{cm}^3$ **03** $37.5\ \text{cm}^2$

04 $672\ \text{cm}^3$ **05** $72\ \text{cm}^2$ **06** $1728\ \text{cm}^3$

07 > **08** 120, 120000000

09 ㉡ **10** $0.042\ \text{m}^3$ **11** $8\ \text{cm}$

12 2 **13** 6 **14** 27배

15 $864\ \text{cm}^2$ **16** 720개

17 예 (직육면체의 겉넓이)
$=(6\times9+9\times12.6+6\times12.6)\times2=486\ (\text{cm}^2)$
겉넓이가 $486\ \text{cm}^2$인 정육면체의 한 면의 넓이는
$486\div6=81\ (\text{cm}^2)$입니다. $9\times9=81$이므로 정육
면체의 한 모서리의 길이는 $9\ \text{cm}$입니다. ; $9\ \text{cm}$

18 $448\ \text{cm}^3$ **19** $176\ \text{m}^2$

20 예 큰 직육면체의 부피에서 구멍이 뚫린 직육면체
의 부피를 뺍니다.
(큰 직육면체의 부피)=$6\times6\times15=540\ (\text{cm}^3)$

(구멍이 뚫린 직육면체의 부피)=$2 \times 2 \times 15$
$= 60 \ (\text{cm}^3)$
따라서 입체도형의 부피는 $540 - 60 = 480 \ (\text{cm}^3)$
입니다. ; $480 \ \text{cm}^3$

01 가는 한 층에 $4 \times 3 = 12$(개)씩 2층이므로
$12 \times 2 = 24$(개)를 담을 수 있고, 나는 한 층에
$3 \times 3 = 9$(개)씩 3층이므로 $9 \times 3 = 27$(개)를 담
을 수 있습니다. 따라서 $24 < 27$이므로 나 상자
의 부피가 더 큽니다.

03 $2.5 \times 2.5 \times 6 = 37.5 \ (\text{cm}^2)$

04 $12 \times 7 \times 8 = 672 \ (\text{cm}^3)$

05 $(3 \times 2 + 2 \times 6 + 3 \times 6) \times 2$
$= (6 + 12 + 18) \times 2 = 36 \times 2 = 72 \ (\text{cm}^2)$

07 $5900000 \ \text{cm}^3 = 5.9 \ \text{m}^3$

08 $8 \times 3 \times 5 = 120 \ (\text{m}^3) \Rightarrow 120000000 \ \text{cm}^3$

09 ㉠ $40 \times 40 \times 6 = 9600 \ (\text{cm}^2)$
㉡ $(30 \times 50 + 50 \times 50 + 30 \times 50) \times 2$
$= 11000 \ (\text{cm}^2)$
㉢ $(70 \times 20 + 20 \times 30 + 70 \times 30) \times 2$
$= 8200 \ (\text{cm}^2)$
$\Rightarrow$ ㉡ > ㉠ > ㉢

10 ㉠ $40 \times 40 \times 40 = 64000 \ (\text{cm}^3)$
㉡ $30 \times 50 \times 50 = 75000 \ (\text{cm}^3)$
㉢ $70 \times 20 \times 30 = 42000 \ (\text{cm}^3)$
따라서 부피가 가장 작은 것은 ㉢이고
$42000 \ \text{cm}^3 = 0.042 \ \text{m}^3$입니다.

11 같은 수를 세 번 곱해서 일의 자리 숫자가 2가
되는 한 자리 수는 8입니다.
$8 \times 8 \times 8 = 512$이므로 정육면체의 한 모서리의
길이는 8 cm입니다.

12 $(3 \times \square + 11 \times \square + 3 \times 11) \times 2 = 122$,
$14 \times \square + 33 = 61$, $14 \times \square = 28$, $\square = 2$

13 $7 \times 4 \times \square = 168$, $28 \times \square = 168$,
$\square = 168 \div 28$, $\square = 6$

14 (처음 정육면체의 부피)=$3 \times 3 \times 3 = 27 \ (\text{cm}^3)$
(늘린 정육면체의 한 모서리의 길이)
$= 3 \times 3 = 9 \ (\text{cm})$

(늘린 정육면체의 부피)=$9 \times 9 \times 9 = 729 \ (\text{cm}^3)$
$\Rightarrow 729 \div 27 = 27$(배)

15 만들 수 있는 가장 큰 정육면체의 한 모서리의
길이는 12 cm입니다.
$\Rightarrow$ (정육면체의 겉넓이)=$12 \times 12 \times 6$
$= 864 \ (\text{cm}^2)$

16 가로에 $24 \div 2 = 12$(개), 세로에 $18 \div 3 = 6$(개)
씩 한 층에 $12 \times 6 = 72$(개)를 넣을 수 있고 높
이로 10층까지 넣을 수 있습니다. 따라서 직육
면체는 모두 $72 \times 10 = 720$(개) 필요합니다.

18 블록 1개의 부피는 $2 \times 2 \times 2 = 8 \ (\text{cm}^3)$입니다.
블록이 2개씩 늘어나는 규칙이므로 7층까지 쌓
은 블록은 모두
$2 + 4 + 6 + 8 + 10 + 12 + 14 = 56$(개)입니다.
따라서 만든 입체도형의 부피는
$8 \times 56 = 448 \ (\text{cm}^3)$입니다.

19
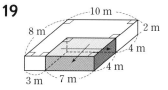

가로가 10 m, 세로가 8 m, 높이가 2 m인 직육
면체의 겉넓이에서 가로가 7 m, 세로가 4 m인
직사각형의 넓이의 2배를 뺍니다.
$\Rightarrow (10 \times 8 + 10 \times 2 + 8 \times 2) \times 2 - (7 \times 4) \times 2$
$= 232 - 56 = 176 \ (\text{m}^2)$

148~149쪽 단계별로 연습하는 **서술형평가**

01 ❶ 12개, 27개, 8개 ❷ 다 상자

02 ❶ 1.5 m ❷ 2.7 m^3

03 ❶ 24 cm^2, 36 cm^2, 54 cm^2 ❷ 228 cm^2

04 ❶ 1936 cm^2, 1550 cm^2 ❷ 386 cm^2

01 ❶ 가: $3 \times 2 \times 2 = 12$(개),
나: $3 \times 3 \times 3 = 27$(개),
다: $1 \times 2 \times 4 = 8$(개)
❷ $8 < 12 < 27$이므로 부피가 가장 작은 상자는
다 상자입니다.

02 ❶ $1\,m=100\,cm$이므로 $150\,cm=1.5\,m$입니다.

❷ $1.8\times1.5\times1=2.7\,(m^3)$

03 ❶ $6\times4=24\,(cm^2)$, $4\times9=36\,(cm^2)$,

$6\times9=54\,(cm^2)$

❷ $(24+36+54)\times2=114\times2=228\,(cm^2)$

04 ❶ 가: $(20\times16+16\times18+20\times18)\times2$

$=968\times2=1936\,(cm^2)$

나: $(15\times25+25\times10+15\times10)\times2$

$=775\times2=1550\,(cm^2)$

❷ $1936-1550=386\,(cm^2)$

150~151쪽 풀이 과정을 직접 쓰는 **서술형평가**

01 예 가 상자에는 지우개를 $3\times2\times4=24$(개) 담을 수 있습니다.

나 상자에는 지우개를 $3\times3\times3=27$(개) 담을 수 있습니다.

다 상자에는 지우개를 $2\times2\times5=20$(개) 담을 수 있습니다.

따라서 $27>24>20$이므로 부피가 가장 큰 상자는 나 상자입니다. ; 나 상자

02 예 $50\,cm=0.5\,m$

⇨ (직육면체의 부피)$=1.5\times1.2\times0.5=0.9\,(m^3)$

; $0.9\,m^3$

03 예 정리함의 가로는 $5\,cm$, 세로는 $8\,cm$, 높이는 $10\,cm$입니다.

⇨ (겉넓이)$=(5\times10+8\times10+5\times8)\times2$

$=340\,(cm^2)$

; $340\,cm^2$

04 예 (2호 상자의 겉넓이)

$=(27\times18+18\times15+27\times15)\times2$

$=1161\times2=2322\,(cm^2)$

(3호 상자의 겉넓이)

$=(34\times25+25\times21+34\times21)\times2$

$=2089\times2=4178\,(cm^2)$

따라서 3호 상자는 2호 상자보다 겉넓이가 $4178-2322=1856\,(cm^2)$ 더 넓습니다.

; $1856\,cm^2$

03

배점	채점기준
상	정리함의 가로, 세로, 높이를 이용하여 답을 바르게 구함
중	풀이 과정이 부족하지만 답은 맞음
하	문제를 전혀 해결하지 못함

인정답안

정리함의 전개도의 넓이의 합으로 겉넓이를 구해도 정답으로 인정합니다.

04

배점	채점기준
상	2호 상자와 3호 상자의 겉넓이를 각각 구하여 답을 바르게 구함
중	풀이 과정이 부족하지만 답은 맞음
하	문제를 전혀 해결하지 못함

152쪽 밀크티 성취도평가 **오답 베스트 5**

01 $120\,cm^3$ **02** © **03** $36\,m^3$

04 $52\,cm^2$ **05** ⑤

---

01 (직육면체의 부피)$=$(가로)$\times$(세로)$\times$(높이)

$=5\times4\times6=120\,(cm^3)$

02 $1\,m^3=1000000\,cm^3$

㉠ $6\,m^3=6000000\,cm^3$

㉡ $2900000\,cm^3=2.9\,m^3$

03 쌓기나무의 수는 $4\times3\times3=36$(개)이므로 직육면체의 부피는 $36\,m^3$입니다.

04 (직육면체의 겉넓이)

$=$(서로 다른 세 면의 넓이의 합)$\times2$

$=(4\times3+3\times2+4\times2)\times2$

$=(12+6+8)\times2$

$=26\times2=52\,(cm^2)$

05 (두부의 겉넓이)

$=(11\times8+8\times5+11\times5)\times2$

$=(88+40+55)\times2$

$=183\times2=366\,(cm^2)$

최고를 꿈꾸는 아이들의
수준 높은 상위권 문제집!

중상위
심화서

최상위
심화서

- - - -

한 가지 이상 해당된다면 **최고수준** 해야 할 때!

✔ 응용과 심화 중간단계의 학습이 필요하다면?　　　　　　　　최고수준S

✔ 처음부터 너무 어려운 심화서로 시작하기 부담된다면?　　　　최고수준S

✔ 창의·융합 문제를 통해 사고력을 폭넓게 기르고 싶다면?　　　　최고수준

✔ 각종 경시대회를 준비 중이거나 준비 할 계획이라면?　　　　　최고수준

정답은
이안에
있어!

초등학교

학년   반   번

이름

My name~

초등학교

학년   반   번

이름

교육과 IT가 만나
새로운 미래를 만들어갑니다

Big Data

Edutech

빅데이터, AI, 에듀테크 저마다 기술을 말합니다.
40여 년의 교육 노하우에 IT기술을 접목한 최첨단 에듀테크!

기술이 공부의 흥미를 끌어올리고
빅데이터와 결합해 새로운 교육의 미래를 만들어 갑니다.
다음 세대의 미래가 눈부시게 빛나길, 천재교육이 함께 합니다.

AI

교육과 IT의 만남